生命起源与演化

管康林 著

图书在版编目（CIP）数据

生命起源与演化／管康林著. 一杭州：浙江大学出版社，2012.11（2021.8重印）
ISBN 978-7-308-10585-9

Ⅰ.①生… Ⅱ.①管… Ⅲ.①生命起源－普及读物②进化－普及读物 Ⅳ.①Q10－49②Q11－49

中国版本图书馆CIP数据核字（2012）第214068号

生命起源与演化

管康林 著

责任编辑	王元新
封面设计	春天书装
出版发行	浙江大学出版社
	（杭州市天目山路148号 邮政编码310007）
	（网址：http://www.zjupress.com）
排　　版	杭州青翊图文设计有限公司
印　　刷	浙江新华数码印务有限公司
开　　本	710mm×1000mm 1/16
印　　张	14.5
字　　数	235千
版 印 次	2012年11月第1版 2021年8月第3次印刷
书　　号	ISBN 978-7-308-10585-9
定　　价	43.00元

前　言

生命起源是一个十分神奇而奥秘的问题。生命从何而来，生命怎样发生？自古至今就有争议，其间有两种观点比较流行。一种是神创论，把人与万物归结于上帝创造；另一种是自生论，把一切小生物归结于自然发生。这两种观点在科学尚不发达的时代是很难说清楚的。自生论只是一种朴素的唯物主义观点，不能科学地进行阐述；神创论作为一种信仰是无可指责的，但是，西方的神学在反对进化论问题上扮演了极端恶劣之角色，不能不给予揭露。

当人类步入20世纪之后，生命起源的化学发生说由俄罗斯生物化学家奥巴林和英国遗传学家霍尔丹首先提出。后来，奥巴林在他的《地球上生命起源》(1957)一书中，明确提出生命起源三步曲，即从无机到有机化合物，有机高分子到蛋白质团聚体，再到原始生命，这就是著名的奥巴林的团聚体学说。在20世纪五六十年代，美国化学家米勒和福克斯开始模拟人工的氨基酸和类蛋白质等化合物的合成研究，有力地推动了蛋白质团聚体或微球体的生命发生说。这时，人们又提出了许多新问题，如生命起源是先有蛋白质还是先有核酸，作为生命的遗传物质的复制形式，先有核酸，或许有一段“RNA世界”的过渡时期。

生命有起源，必然有进化。然而，在西方由于长期受到神学宗教思想的教育，尽管到了18世纪自然科学有了很大的发展，但许多学者还是相信物种是上帝创造的、是不变的。虽然，当时已有学者，如法国的布丰、拉马克等提出了生物进化观点，但影响不大。直到19世纪后半叶具有划时代意义的巨著《物种起源》(1859)出版，标志着达尔文进化论的诞生，它如同一声惊雷震撼了西方神学宗教统治思想，并对当时社会和科学界产生了重大影响。当然，达尔文进化论涉及问题很大，不足之处是存在的，这主要限于当时的科学水平，需要后人去修正、补充与完善。一个多世纪以来，这个学说在与宗教势力的斗争和不同学术观点的挑战过程中得到了考验与发展。

达尔文进化论的基本思想是基于生物变异，适应与遗传通过自然选择与生存竞争，推动着生物进化。现代遗传学的研究，特别是基因突变和种群个体杂交突变代替了达尔文的线性渐变论来支持自然选择学说是很有说服力的。现代总合论是达尔文进化论的主流派，它既坚持了达尔文的自然选择学说，又提出自然选择的包容性，也可以说自然选择不是单纯起着过筛作用，还保留了内在许多有害基因、中性突变基因或致死基因。本书的"现代生物进化总合论"要比过去的有更大的包容性，这不属于某些科学家的观点，而是现代坚持达尔文进化论的总合观。

现在知道，在地球形成之后，大约10亿多年处于无生命的行星状态，如今发现的最古老细菌化石距今约35亿年前，那么，它的发生要比这个年代还早。单细胞生命从嫌氧到有氧，特别是具有光合作用的蓝藻(蓝细菌)的出现，使原始大气氧含量逐渐积累而改变了大气成分，有助于有氧生物的发生。我们认为蓝藻光合系统的早期出现，乃是大自然的杰作，令人惊奇。单细胞原核向真核生物发生，又是生物进化的一个重大里程碑。单细胞生命经历了10多亿年的漫长历程，才有多细胞生物的出现，仿佛为寒武纪(5亿～5.9亿年前)的"生命大爆炸"做准备。有人认为寒武纪"生命大爆炸"抨击了达尔文的自然选择学说，其实不然。生命的大进化和大绝灭现象的出现，只是达尔文进化学说不能解决的，但与进化论本身没有矛盾。

动植物演化从水生到陆生又是一个大转变。从两栖类、爬行类到哺乳类出现，才能更好地适应陆地多变的生活环境。中生代的恐龙大发展和大绝灭之谜未能解开，却导致鸟类和哺乳动物的辐射适应。早在石炭纪蕨类繁茂，裸子植物兴起，时至白垩纪被子植物发展，由此高等植物覆盖着全球整个大陆，为新生代各种动物生存与发展提供了栖息地与食物链。

新生代距今约6500万年前，以高级动物原始灵长类出现为标志，进入中新世(约1000万年前)导致早期古猿出现，直至4万年前才进化成晚期智人，即现代人的祖先。以上所述生物进化之路，从低等到高等直至人类，自达尔文进化论以来，通过大量的化石发掘与考证，结合近代的生物技术的研究，建立起生物进化系统，足以证明各种生物是进化来的。

在此，还得提及一个令人困惑的问题，也就是生物进化有没有方向，有没有内在的动力或主动进化现象？按照最权威的自然选择学说，自然界的生物总是不断地发生变异，变异是随机发生的、无定向的，导致适者生存、不适者淘汰的局面。既然生物进化没有方向，也没有目的，那么，今天人类的出现也完全是偶然的，其发生机率有多大？可否用数学来假设、推算与求证。

我却有兴趣地认为，拉马克早在1809年所著的《动物的哲学》一书中就已经提出："生物向上发展而表现出的等级现象，就在于生物天生具有向上发展内在的倾向。"这种观点与他的"用进废退"和"获得性遗传"法则一样杰出而且更有全局性。过去，人们把它当作自然神学观加以批判，以致使生物进化动力的探讨成为禁区。

在当今达尔文进化论支持者中，也掺杂着直生论和目的论，而这些往往被视为唯心主义、主观主义，同样，不应立即批判，允许有不同看法。近些年来，我国学者郝瑞、陈慧都和刘平在各自著作中都明确提出了生物进化的内在动力观和主动进化观。尽管这些观点的论据有限，但是，敢于向传统观点挑战应给予肯定，否则，生物自主进化动力禁区就不能打破。本书特设《论生物进化动力》一章进行分析与讨论。我既接受了达尔文自然选择进化动力观，也肯定了拉马克的生物内在向上发展动力观，并以大量篇幅对生物的感应性和大脑神经智力在进化中的主导作用进行阐述，最后归根结底视遗传物质（DNA）自我复制和有性生殖是生物进化的原动力。

生命起源和生物演化是当今生物科学中的两大一体的重要课题，也是人类社会科学亟需探讨的一大哲学难题。生命起源是难以用实验论证的，目前只是提出种种假说。生物进化从低等到高等已有大量的化石作依据，与现存生物对比，可以分类理序。关于生物演化有没有方向性、自主性和内在向上进化动力确实不好回答。本书却敢于正面提出又作了应有的回答。

国人在生命起源与演化方面的研究起步较晚，但近些年，我国古生物学家对寒武纪“澄江生物群”的发现，中生代恐龙化石和中华龙鸟演化的发掘，以及新生代现代人类的古人类化石的研究都取得了卓越的成就，而对生命起源也有探讨。当前，国内高等院校对生物科学的基础教学比较重视，同时生命起源与生物演化的各类专著也日益增多。本书以综合的历史观广泛地审视各类问题，兼容并包各种学术观点，以专业通俗读本方式书写，内容丰富，观点明确，可供生物学工作者和非专业的爱好者阅读。

目　录

第一章　生命起源的早期观念 …………………………………… 1

第一节　古老的自生论 …………………………………… 1

一、古希腊的哲学观 …………………………………… 1

二、东方哲学观 …………………………………… 2

第二节　宗教的神创论 …………………………………… 5

一、《圣经》创世及其发展 …………………………………… 6

二、中世纪西方神学 …………………………………… 8

三、自然神学观 …………………………………… 8

第三节　宇宙的胚种论和生命永恒 …………………………………… 10

一、宇宙胚种论 …………………………………… 10

二、生命永恒论 …………………………………… 12

第四节　机械论与活力论 …………………………………… 13

一、机械论 …………………………………… 13

二、活力论 …………………………………… 14

三、历史的必然 …………………………………… 16

第二章　地球生命化学发生说 …………………………………… 17

第一节　生命起源于蛋白质 …………………………………… 17

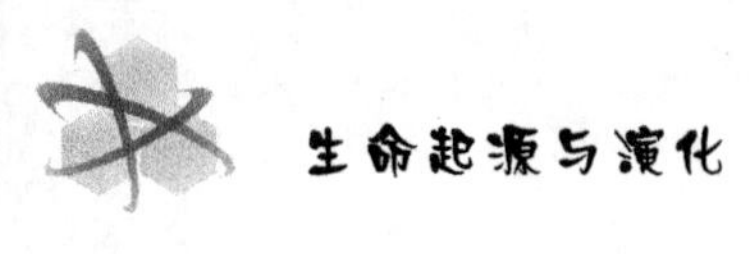

一、奥巴林的蛋白质团聚体假说 …… 17
二、米勒与福克斯的前生物体的模拟实验 …… 21
第二节 生命起源于RNA …… 26
一、先有蛋白质或先有核酸 …… 26
二、RNA的世界构想 …… 27
三、从化学进化到生物演化 …… 28
第三节 手性起源及熵与生命 …… 30
一、生命起源中对称破缺 …… 30
二、先有手性的均一性还是先有生命 …… 32
三、熵变与生命 …… 33
第四节 生命起源的宇宙观 …… 35
一、宇宙大爆炸与太阳系形成 …… 35
二、星雨大撞击与地球生命起源 …… 37
三、生命起源的各种新观点 …… 40
四、天外生命探秘 …… 43

第三章 达尔文进化论 …… 48

第一节 进化论的先驱者拉马克及其他 …… 48
一、布丰的进化思想 …… 49
二、拉马克的时代与生平 …… 50
三、拉马克学说的基本要点 …… 52
四、拉马克学说之争 …… 54
第二节 达尔文进化论 …… 58
一、达尔文的生平 …… 58
二、《物种起源》与自然选择学说 …… 63
三、华莱士和达尔文进化论 …… 67

第三节　达尔文进化论的不足与发展 …… 69
一、物种的渐变论与突变论 …… 69
二、化石缺乏与弥补 …… 70
三、达尔文进化论修改与发展 …… 71
第四节　种与物种形成 …… 74
一、物种的概念 …… 74
二、物种的形成 …… 76

第四章　生物进化地质史料 …… 79

第一节　地质年代与生物史表 …… 79
一、元古宙前后 …… 80
二、寒武纪—奥陶纪 …… 82
三、中生代 …… 85
四、新生代 …… 91
第二节　生物进化依据 …… 96
一、比较形态解剖学 …… 96
二、胚胎发育 …… 98
三、细胞遗传与生化 …… 100
四、化　石 …… 102
五、古 DNA 的揭示 …… 104
第三节　生物进化系统树 …… 105
一、传统生物系统树 …… 106
二、分子系统学与分子系统进化树 …… 107

第五章　植物界的起源与演化 …… 110

第一节　藻类植物发生与演化 …… 110

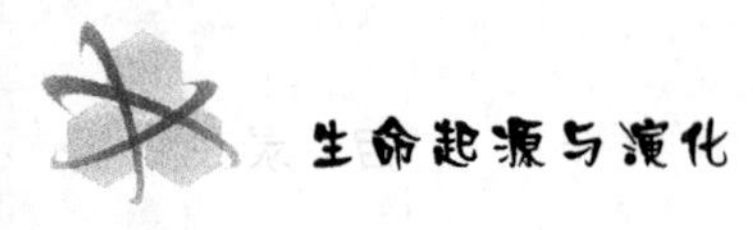

一、原核藻类发生 …… 111
二、真核藻类的发生 …… 113
第二节　苔藓和蕨类植物发生与演化 …… 114
一、苔藓植物 …… 114
二、裸蕨植物 …… 115
三、蕨类植物 …… 117
第三节　裸子植物发生与演化 …… 120
一、苏铁纲 …… 120
二、银杏纲 …… 121
三、松柏纲 …… 121
四、紫杉纲和买麻藤纲 …… 121
第四节　被子植物的发生与演化 …… 122
一、被子植物的早期化石 …… 122
二、被子植物的可能祖先 …… 123
三、被子植物的地理发生说 …… 126

第六章　生物演化与自然选择 …… 130

第一节　进化的方向性、随机性和不可逆性 …… 130
一、进化的随机性和局部的方向性 …… 131
二、进化的不可逆性 …… 132
第二节　适应性与变异性及自然选择 …… 133
一、适应性和变异性 …… 133
二、渐变论与突变论 …… 135
三、适应辐射与趋向进化 …… 137
四、变异与自然选择以及本能与习性 …… 139

第三节　论绝灭与进化 …… 141
一、绝　灭 …… 141
二、地质史上的五次大绝灭 …… 142
三、小进化与大进化 …… 144
四、未来的大绝灭 …… 147
第四节　分子进化与分子系统学 …… 149
一、何谓分子进化 …… 149
二、分子进化中性论 …… 151
三、分子系统学与分子系统树 …… 153

第七章　人类由来与进化 …… 157

第一节　猿人—能人—直立人的演化 …… 157
一、南方古猿发生 …… 158
二、能人—直立人化石依据与演化 …… 160
三、现代智人的化石与演化 …… 162
第二节　现代人种的起源 …… 164
一、非洲中心发生说 …… 165
二、多源地区发生说 …… 166
三、现代人种 …… 167
四、人类的未来 …… 171
第三节　人猿区别之揭秘 …… 177
一、猩猩分类与分布 …… 178
二、丛林中的生活习性 …… 179
三、猩猩的实验:智力检测 …… 183
四、人、猿基因与大脑差异 …… 185

第八章　论生物进化动力 …… 187

第一节　各种进化动力观 …… 187

一、拉马克的内在向上发展动力观 …… 188

二、达尔文的自然选择动力观 …… 188

三、现代生物进化动力观 …… 189

第二节　生物感应性在进化中的作用 …… 191

一、单细胞生物与感应性 …… 191

二、植物的感应性和感光系统 …… 193

三、动物的视觉进化 …… 195

第三节　动物的大脑神经与智力进化 …… 197

一、初级神经系统 …… 198

二、脊椎动物的神经系统 …… 199

三、生物的智力进化与表现 …… 201

第四节　遗传物质在生物进化中的作用 …… 206

一、无性繁殖的实质 …… 206

二、有性生殖的本质 …… 207

三、生殖本能在进化中的作用 …… 209

参考文献 …… 215

第一章　生命起源的早期观念

生命从何而来，又如何发生？人类自纪事以来，有两种假说是很流行的，一种是自然发生说，它把一切小生物归结于自然土壤发生，即所谓"腐草化萤"、"腐肉生蛆"的观念。另一种是"神创说"，它把人和万物归结于上帝创造。在这两者之间还有一种"活力论"，来自古希腊哲学家思想。这种活力论含义模糊，要赋予某种生长因子或精神因子。时至中世纪，西方资本主义萌芽，出现了文艺复兴思潮，但神学宗教统治的社会地位没有动摇，反而更加强化，限于当时历史背景和科学水平，以上两种观点是很难辨明是非的。这段历史正是人类不断探求科学真理所显示出来的文明进步，是值得回顾的。

第一节　古老的自生论

关于生命起源的自生论，无论在西方古希腊、古埃及或是东方古老的中国、印度都同样存在于古代哲学家中或流传于民间。

一、古希腊的哲学观

生命的自然发生观念叫自生论，这是早期哲人所喜好思考的问题，尤其是古希腊的自然哲学家用自然发生说解释生命现象留有许多资料。例如，

图 1-1 亚里士多德像

阿那克西曼德(Aneximander,公元前610—前546年)认为:太阳晒暖了泥土,泥土中产出了原始生命;最初的生物是水生的,以后水生生物逐渐适应了陆地上的生活;人也是起源于某种类似于鱼的动物,所以,婴儿在母腹内是水生性的。

古希腊亚里士多德(Aristotele,公元前384—前322年)是一位有代表性的早期著名哲学家和科学家(图1-1),他强调感觉经验在认识中的重要性,对生物有过大量的研究而获得比较系统的知识。因此,亚里士多德著写了《动物志》、《动物运动》和《动物的繁殖》等书留传下来。他提出生命起源的观点:"生物除自己同类出生外,也有非生物自生出来",如蚊子、蝇、飞蛾、蜉蝣、粪甲虫、跳蚤、虱子、蠕虫和萤火虫等。

亚里士多德还给出了生物分类的等级,他认为各种生物所具有的活力数量和质量决定了它们的习性和能力,决定了它们身体的结构和物种的完善性。按照这种思想,他排出了一个以植物为底层,以人为最高点的生物阶梯。在动物部分,他已排出了哺乳动物居最高处,以下分别为鸟类、爬行类、两栖类、鱼类、蠕虫类、蚤虱类的序列。实际上,亚里士多德有着朴素的进化思想。然而,他认为生命需要赋予生长因子或精神因子,这种观点有些模糊,因而被宗教歪曲成生长灵魂之类的东西。

二、东方哲学观

自生论在东方古老的中国民间都有广泛的流传基础,譬如腐肉生蛆、腐草化萤、汗液生虱、臭水生蚊等现象,过去的农村乡民习以为常,为亲眼所见,深信不疑。虽然,他们也知道蝇生子,卵孵化成蛆,蚊生幼虫孑孓,但追问下去仍承认是自生的。这里既有朴素的唯物主义也有主观唯心主义，按照早期社会知识，农村卫生条件又不好，只能如此。

中国早期圣哲之人，特别是先秦诸子百家哲学思想十分活跃，因此，对万物宇宙产生了自己的哲学观点。譬如《易经》是我国一部古老的经典著作，提出“阴阳”的哲学观念，视宇宙万物一切东西都是一阴一阳交互相配而成，由阴阳矛盾对立生出无穷的变化。在春秋时代，有许多上层社会人和方士喜欢讲“天道”。所谓天道，就是日月星辰等天象运行变化的过程及其与人事成败的幻想的关系。例如，当时人们相信，在某一地区发现了彗星，那个地区就要发生火灾。所以，在我国古代，天文学和占星术都得到相应发展。

春秋末期战国初期，中国出了一位哲圣先师老子，他提出“道”的宇宙观，有一套独特解释。老子（公元前？—前471）又名老聃、李耳，是我国古代伟大的哲学家和思想家，道学派创始人（图1-2）。他著有《老子》一书，又名《道德经》，分《德经》和《道经》上下两篇，共81章。应该说道的观念是“天道”的观念转化出来的，但意义不同。如果把老子的“道”特译为大自然就比较浅显明白了。天道是讲天象运行之变化，而老子却提出了天地的起源问题。老子以为天地不是本来就有的，它原是一个混沌之物体，通过“周行而不殆”而形成天地。老子的道是自然属性，从天地到万物也都是自然而然的。老子有句名言：“道常无为而不为。”无为就是没有目的，没有意志，没有意识。道是无为的而万物又都从道分化出来，所以道又是无所不为并能生出天地万物。

图1-2　老子

老子否定了上帝的崇高主宰地位。世界的最初根源是道(即大自然),不是上帝。道是"万物之宗",而且"象帝之先"。这就是说,假有上帝,道也在上帝之先。所以,老子以"道"解释宇宙万物的演变,以为"道生一,一生二,二生三,三生万物。""道"乃"夫莫"之命(命令)而"常自然",故而"人法地,地法天,天法道,道法自然。"所以,道是最根本的,道是天地万物的最初的根源。这是多么睿智精辟的生命起源之说啊!时至宋代,张载继承老子的道,明确地说道即是气,它是永恒在运动变化之中,气象积而生万物,乃是自然。

可以说,中国古代哲人的万物自生论是明确的,但缺乏实体,即没有直接谈论各种生物之由来,显得有些玄虚空洞。这种哲学观,既能启迪人的智慧,也会引起不良的影响,即不去探讨实际的事例。

时至14至16世纪,西欧资产阶级发动了一场反封建新文化运动,即谓中世纪文艺复兴运动,提倡以人为中心的思想,反对神学统治观念。这是人类历史上一场空前伟大的思想解放运动。在此期间,涌现了一批杰出的艺术家、思想家、文学家和科学家,如意大利的但丁、达·芬奇,西班牙的塞万提斯,英国的莎士比亚,波兰的哥白尼等,有力地推动了自然科学与资本主义的发展,也动摇了神创造生命万物的主宰地位。

否定神学,必然导致自生论更加泛滥。一时间,哲学和神学思想的相互渗透,致使亚里士多德的"活力"被歪曲为精神因子或灵魂。整个中世纪,自生信念弥漫,任何哲学问题也都披上了一层宗教外衣,与神学思想相互依存,非常盛行。于是,特别是探讨生命的由来不能与圣经、神学相抵触,哲学成为"神学的奴仆"。在生命起源问题上,中世纪的神学者大大发展了自生学说,他们认为非生命物质被"永恒的超人力的灵魂"所激活就自生的实质内容。其实,在东方佛教里,万物生生不灭的灵魂思想,也如出一辙。

如果说,中世纪学者的著作里充满了各种昆虫、蠕虫和鱼类由淤泥、杂草而生还可以理解,可是当时广泛流传的鹅树、羊树和人造矮人之说则是不可思议的。按当时的学者们的看法，鹅、鸭是由海贝生出，海贝则是海边树木的果实生出。有的树木果实还可直接生出鸟类来。关于羊树的最初来源，可能源于一位旅行家的道听途说所作的一番描述（图1-3），这已无从考证了。人造矮人见于中世纪许多炼金术著作，为此需要将人的精液放入南瓜中，在一定时间内还要经一系列复杂处理，这样就会生出完整的小人，如同由妇女生出的婴儿一样，只不过非常小。这种观点和信仰在歌德的悲剧“浮士德”中也得到过出色描写与表演，增加了几分愚昧与滑稽。

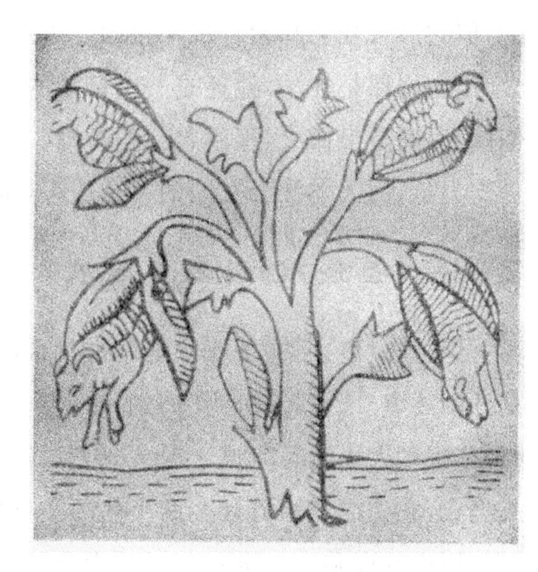

图1-3　中世纪羊树图

到了16—17世纪，各种自然现象观察已经比较精确，如哥白尼提出了《天体运行论》，创立了太阳中心说；伽利略用自己发明的望远镜进行天文观测，揭示了天体运行的规律。但是，在生物学方面科学认识还未达到应有的程度，生物原始自生的思想在人们心中还占统治地位。就在这个时期，著名的英国哲学家培根和法国哲学家迪卡儿都是无神论者，承认生物的自生性而极力反对生命的任何精神因子的宗教观念。应该说，他们对摆脱神学思想束缚是有贡献的，但所持的机械论生命观是不足取的，见本章第四节论述。

第二节　宗教的神创论

西方基督教神学主张上帝创造万物和人类之说，作为教义是无可厚非的，但它渗入社会和教育根深蒂固。直到19世纪30年代，达尔文入牛津大学时，主修课是神学，他还是一个传统的基督教徒。达尔文后来成为进化论创始人，确是很伟大、很不容易的行动。神创论作为最严厉地反对进化论的一支力量，为人类社会文明的一个历程，也值得我们了解。

一、《圣经》创世及其发展

《圣经故事》原初于亚欧地域古代希伯来民族的传说，即上帝造人亚当、夏娃的故事。《圣经》分为《旧约》和《新约》两部分，经千余年的民间传说和哲学、宗教人士编写完成于公元前后，成为犹太教、基督教及伊斯兰教的正式经典，它构成了西方社会两千年的文化传统和特点，并影响到世界广大地区的历史发展和文化进程。"约"为合同也，所以，《圣经》主题是讲上帝与人类关系，上帝的意旨寄人类美好、有爱护、也有惩罚。然而，《圣经》在各时期都有所发展，它不仅仅是一本宗教读物，其中还融合着历史、文化、政治、经济，加之信仰的作用，拥有广泛的读者，视《圣经》是"最伟大的书"。

我国在20世纪中期处于特殊思想年代，对于《圣经》是排斥的，是不加分析、批判。现在看来，西方的《圣经》宗教创世说与东方佛教的因果说如出一辙，都是一种宗教信仰。人类原始对大自然的敬畏和崇拜，产生了神话和宗教信仰不足为奇，并推动着人类向前发展，它成为人类精神文明和文化领域的重要组成部分。

上帝之有无，是个争论不休的问题。根据《旧约·圣经》创世的第一篇，就是《创世论》，说上帝在创造天地之前，一切都是空虚、混沌且是黑暗的。于是神来了，第一天创造了光；第二天创造了空气；第三天创造了陆地、海洋、青草、蔬菜、树木和果子；第四天创造了太阳、月亮、众星和昼夜；第五天创造了鱼和鸟以及牲畜、昆虫、野兽等；第六天则照着自己的形象创造了人，并让人来管理一切。第七天，大概上帝累了，也就休息，定为圣日，人类为感谢上帝聚集教堂祈求幸福与进行忏悔。

上帝肯定是男的，他在第六天按照自己的样子用泥土创造了第一个男人亚当（Adam），再用亚当的一根肋骨创造出第一个女人夏娃（Eve）。人类就是亚当和夏娃这两个原型产生的后代（图1-4）。这成为上帝之神创造人与万物之说由来，也就成了后来神学、神教之基本原理与基本思想。关于人类始祖偷吃禁果犯原罪的神话故事听起来确是很优美动听的，它与中国盘古开天辟地和女娲造人创世神话传说也很相似。据考女娲是西部欧亚“女神宗教时代”的智慧女性，后传入中国，成为中国境内流传至今的补天和拯救人类的女神。世界各地都有创世神话，但绝不把神话当真。

图1-4 上帝创造人类图

（人类始祖偷吃禁果犯原罪，引自《圣经解读》）

据知《圣经》时至4世纪中叶，基督教的几位神学教主从旧约和民间神秘主义传说中，吸取材料创立了自己有关生物界观念，并维护自身的权威，极力宣扬“人是上帝创造的”，万物的存在是为人类服务的。他们从基督创世的基本思想出发对自然中生物对环境的适应作出目的性和物种不变论的解释。认为猫被创造出来是为了吃老鼠，而老鼠的出现是为了给猫吃。如果一种生物发生了变异，那是为了适应新环境的生存目的，于是神学也有了一定的变异观念。这是很妙地将自然界的生物和谐和适应为神学所用。这就是后来出现的自然神学观，充斥于自然科学和政治、经济学著作之中。

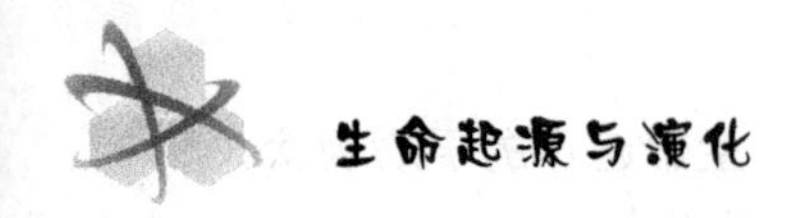

二、中世纪西方神学

神学作为基督教信仰如同东方的佛教一样并不可怕，但在西方，神学在中世纪时曾统治着社会与人们的思想行为，所以才会出现压制哥白尼日心说和布鲁诺(1600)因宣扬日心说而被罗马教会处以火刑事件，真是触目惊心。波兰天文学家哥白尼(1473—1543年)提出的日心说，第一次冲破了宗教神学的束缚，打开了自然科学的大门。哥白尼在《天体运行论》中明确宣布，太阳是宇宙的中心，地球是一颗绕太阳公转的普通行星而且不停地自转。哥白尼的结论与《圣经》上说的相违背，如果承认日心说，就等于宣布《圣经》传播的是谎言。据知哥白尼确立日心说后，由于顾忌教会的迫害，不敢公布于世。直到他死后的那一天，在朋友的帮助下，被搁置了30多年的不朽的著作《天体运行论》才得以出版。

然而，神学教会的这种权威在事隔多年之后，仍更可怕地伸向一位宣传哥白尼学说的年轻人。他就是布鲁诺(G. Brunno，1548—1600年)，意大利人，24岁成为牧师，获得了哲学博士学位。他大胆地批判《圣经》，还提出其他星球有人居住的设想，因而冒犯了罗马教廷，只好逃出意大利，到法国、英国等地继续宣传哥白尼的学说。1592年罗马教廷采用欺骗的手段，把他骗回意大利，并立即逮捕。他们使尽了种种威胁诱利手段，想让布鲁诺屈服，但他坚贞不屈地说:“我半步也不退让。”经过八年牢狱折磨，他被处以火刑。从这件事情足以了解到神学教会在社会上的统治地位。

布鲁诺不畏火刑，坚定不移地同教会作斗争，为了人类挣脱上帝的桎梏，他的精神永存！1889年，时隔289年，人们在布鲁诺殉难的鲜花广场上竖立起他的铜像，永远纪念这位为科学献身的勇士。

三、自然神学观

神学家企图调和宗教与科学之间的矛盾，时至19世纪之初，英国神学家威廉·伯利的著作《自然神学》就是当时英国流行的自然观的一种表达。自然神学实际上是创世说的新形式，它包含这样的观点：整个自然界是按上帝制定的自然法则调节和安排的，是和谐、完美的世界。如果一种生物发生了变异，那也是为了适应新环境生存的目的。这是冠冕堂皇地将自然界的生物和谐与适应法则为神学所用。

其实，自然神学观在19世纪的科学家中也是存在的，例如，近代英国地质学家奠基人莱伊尔（C. Lyell，1797—1875）在他的《地质学原理》一书中，明确地认为生物绝对完善的适应表明环境的决定作用，而环境的这种决定作用显示出创造主安排了生物与环境之间的协调关系。法国著名古生物学家居维叶（G. Cuvier，1769—1832）是一个目的论者，他认为生物各部分及整体是以最可能好的方式构建起来的，生物器官的结构和功能与其生存条件之间是完美和谐的，因而分析生存条件就能得知器官的结构与功能，就像做算术和做实验那样准确无误。

据知年青时期的达尔文也持自然神学观点，他在贝格尔号环球旅行笔记中对生物适应解释上，认为每一种生物都是被独立创造出来的，被赋予一定的形态和功能，使其适应于在被指定的环境条件下生存。这种创造与安排仿佛体现了某种先验的“目的”。很可能，这些观念都来自大学时的自然神学的教育。然而，达尔文在长达五年之久的作为航海自然博物学的考察者的实践，才逐渐改变了他的观点，认为生物对环境的变异与适应是自然选择的结果。近代分类学奠基人林奈，他创立了分类双名法，使得物种走上有序的科学道路。但是，林奈把物种看成是不变的、永恒的、独立的。他的《自然系统》一书一版再版，多达十一版，都认为物种是独立的、不变的，直到他临终前夕的最后一稿才修改了物种不变的观点。甚至，伟大的物理学家牛顿也是有神创论者，可见，当时西方的自然神学是根深蒂固的。

第三节 宇宙的胚种论和生命永恒

生物总是既在不断地死亡，也在不断地出生，是物种的一种生命延续。然而，生命的宇宙胚种论和生命永恒论则与以上观点不同，视生命种子古老而永恒。这里既有科学的内容，也有唯心主义的因素。

一、宇宙胚种论

1.莫尼瓦的胚种论

关于生命发生的宇宙观念由来已久。早在16世纪意大利学者布鲁诺就有过许多星球存在生命或居住着人类的设想。后来，随着天文学的发展，人们对于星球存在生命和胚种的传播思想也扩展开来。1821年法国E.莫尼瓦（E. Moutlivault）提出地球生命外来说："充满生命的胚种(germ)的恒星碎片可能与地球相遇，就把生命传播到地球上来。"这种类似性观点在19世纪至20世纪30年代比较流行，并提出通过陨石和微粒方式传播的可能性。科学家认为，如果这种假设是成立的，首先要论证宇宙星际确有广泛分布之生命或至少有某些星球中存在；其次必须解释生命胚种以什么方式通过星际空间从其他天体安全地到达地球上，保持着生命和繁殖能力。

2.陨石传递

法国人李赫特尔（R. Richter，1865）认为干燥脱水的胚种可以长期存活，陨石接触到地球大气层产生极大摩擦引起高温，只要内在生命物质不燃烧而到达地球，那胚种虽通过大气层，但不失去生命力也是有可能的。德国物理学家赫姆霍兹（H. Helmholtz，1821—1894）认为生命胚种被陨石携带到地球上来，这些陨石通过大气层时仅只表面白热化而内在仍是冷的。据知著名微生物学家巴斯德曾做过实验，试图从含烃类陨石中分离出具有生命力的细菌，但未能发现一丝任何生命痕迹。而后来其他科学家也未发现细菌，只有李普曼(Ch. Lipmamn，1932)的报道是个例外。他的实验利用许多陨石材料，先作表面消毒，并尽量避免外界的其他细菌侵入，把击碎的几组陨石粒子接种在培养基上后获得一种杆菌和球菌。这篇报道引起了生物科学家的注意，但遗憾的是直到今天还没有人证实它的正确性，也难以完全否定。

3. 活物辐射发生论

20 世纪初，瑞典物理学家阿林纽斯(S. Anehemns)提出活物辐射发生理论来代替陨石散播生命的观点。他计算了空间细小物质微粒从一天体被传递到另一天体的可能性，它的主要动力是阳光压力，即光波粒子压力。有实验证明，这种光压力强度虽非常小，等于照射到地面 0.5mg/m^2 的阳光，但这样小的数量已足够迫使最小的尘埃以很大速度在没有空气的空间运动。这样，从地球表面和其他天体表面不时地折射出最小物质微粒，包括微生物芽孢，可以通过上述方式被传送到恒星际空间去。阿林纽斯计算过直径为 0.0002～0.00015 毫米芽孢在太阳光压作用下，能以很快速度在没有空气的空间运动。离开地球 14 个月，这些芽孢越出我们的行星系范围，9000 年以后它们能到达离我们最近的半人马座 α 星。

现在要论证宇宙胚种存在或否定都还十分困难，后边还要提及，包括航天飞船探测器对金星、火星生命的寻找，本节只仅于早年人们的认识。持否定者认为，宇宙空间的物理条件非常恶劣，只便于细菌芽孢形式存在，虽能忍耐干燥和温度的变化，但不耐阳光紫外照射，因为宇宙空间充满了波长 3000～2000Å 的紫外线和其他射线，有很强的杀伤力，由此认为具活力的胚种在星际间传递的可能性几乎不存在。

二、生命永恒论

1. 胚种自生

生命永恒论视生命永生的胚种自生。这种观念通常与自生论、胚种论或活力论混淆在一起，很难把它归结于神创论，灵魂不死观。因为，在19世纪许多科学家提出了自己的看法，对生命的由来进行了广泛探讨。所以，奥巴林在他的《地球上生命起源》(1957)一书中，就以《生命永恒的理论》为题进行了分析，最后把它归于唯心主义的产物。胚种论者认为生命胚种杂乱地分散在一切元素中，由于它们的作用所以产生了各种动物和植物。又有激活因子论者认为生命力是有机物质的每一个粒子所固有的性能，仅仅由于这种力量的形成作用，腐败物质中的微生物胚种才能发生。所以，普希(F. Pouchet)认为生命自生的可能性只是由于预先存在于有机物质分子的生命力作用的结果。这些科学家的胚种论，视胚种或生活力因素是到处存在的，因此，他们是生命永恒论者，但与神创论或精神因子作用的观点还是有区别的。

2. 胚种永恒

自著名的巴斯德灭菌实验否定自生说之后，生命的永恒论似乎更得到肯定。1871年英国物理学家汤姆(W. Thomson)写道："应当认为，生命自生的可能性就像整个地球的万有引力定律一样，是牢固确定了的。"由此自然而然地得出生物完全自主和生命永恒的结论。法国植物学家吉赫姆(P. VanTieghem)在他的《地球上的植物群落》一书中写道：植物生长有它的开始，也有它的终止，但宇宙植物群落就像宇宙本身一样，是永恒的。

从今天进化论来看，生命、生物在一定条件下经常能发生和出现的观点与生命永恒概念是毫无共同之处，相反地，它承认有机体应当由非生命物质产生。然而，生命胚种论与生命永恒论没有回答原初生命从何而来，以及土壤中的生长因子或生命因子又是什么？这就不可避免地陷入宗教观念的生长灵魂或神秘的精神因子之中。但是，许多科学家，如俄罗斯地球化学家维尔纳德斯基也认为生命种子是古老的，生物界之所以存在着活的有机体所具有的这种空间形式是因为早先就有了活的自然体。生物与无生命物质间的根本的、不可混淆的物质性的区别在于：特殊的空间状态的自然属性，因此也出现了生物体内的不对称分子。就是著名化学家李比息也认为生命和碳素化合物一样古老且是永恒的。生命如同灶神星的火焰一样不灭地传递着。我们对于这样的生命永恒论不必过多地批判而给予保留吧！

第四节　机械论与活力论

一、机械论

15世纪，在欧洲发生了文艺复兴运动，提倡以人为中心的思想，反对神学的传统观念，由此也引起了生命本质是什么的一场争论。这种争论与当时两位著名哲学家反对神学的生命精神因子或活力论有关。英国哲学家培根(F. Bacon，1561—1626)和法国哲学家笛卡儿(R. Descartes，1596—1650)都承认生物的自生性而极力反对生命的任何精神因子的宗教观念。他们对摆脱神学思想来源是有贡献的，但所持的机械论生命观是不足取的。

在近代实验生物科学萌芽初期，培根从哲学上充当实验科学发言人，他的主要著作是《学术的伟大复兴》(1620)。培根认为人应当成为自然界的主人，科学技术是改造世界的雄伟力量，为此，提出了“知识就是力量，力量就是知识”的名言。他强调了科学原理与实验技术结合的重要性，因此，马克思和恩格斯曾指出：“英国唯物主义和整个现代实验科学的真正始祖是你——培根。”

笛卡儿哲学观也对近代实验科学产生了重要影响，他创导科学研究中

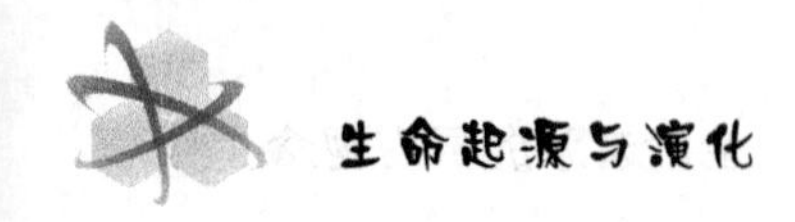

的演绎法和归纳法。他认为只有自明性才是真正知识的基础和真理的标准，而理性直觉即直接推理所特有的，它既不需要经验的基础也不需要逻辑的证据。

笛卡儿对生命现象的探讨凭借理性思辨，给出了一套完整的机械论的生命观点，并成为他的总哲学体系的一个组成部分。笛卡儿描述的宇宙是一个巨大的机械系统，动物和人体也被视为自动机器，不需要借助任何特殊"生命力"，如钟表一样自动转动。这是一种典型的以机械论哲学观来反对活力论。笛卡儿认为天文现象和生命现象都可以用机械和物理的概念及定律作出解释，由此提高了他的哲学地位，也扩大了他的机械论生命观的影响。譬如，把心脏跳动比作水泵，把肌肉收缩当作机械运动。

稍后，随着近代生物科学与物理、化学的产生，他们对生命现象都提出了自己的见解。居维叶（Cuvier，1769—1832）和李比息（Liebig，1803—1873）等人把生命理解为同物理和化学力的对抗。然而，物理学家，如路德维希（Ludwig，1876—1895）、赫姆霍兹（Helmhoptz，1821—1894）则认为生命现象可用物理和化学定律来解释，这种见解通常被视为机械论观点。薛定谔（Schrodinger，1887—1961）1945 年在《什么是生命?》一书中写道："目前的物理和化学虽然还缺乏说明在生物中发生的各种过程的能力，但丝毫没有理由怀疑它们不可能用物理和化学方法去说明。"他鼓励物理学家去研究生物科学问题，这无疑有助于近代生物学在分子水平上的发展。但是，在 20 世纪前半期，正统生物学家是反对物理学家把复杂的生命现象降解为纯物理、化学现象，而乐于归纳生物体表达生命的某些共同特征，即生命的整体性而不分解特性。

二、活力论

本章开头就已提到在自生论和神创论之间还有一种活力论（vitalism）。这种活力论原于古希腊哲学家亚里士多德，他是柏拉图（Plato）的学生，他不是只讲哲理的古典哲学家，而且对生物学很有研究的一位学者，而且，他的著作为以后生物学发展奠定了基础。根据亚里士多德对小动物的生长习性的观察而得出结论："生物除自己同类生出外，也由非生物自生出来。"我们认为，在2000多年以前，有这样的生物学观是很了不起的。但是，亚里士多德认为，生命和无生命物质之间的本质区别在于缺少生命力和活力。他当时也很困惑，生命只有赋予某种看不见的"精神因子"才有生命，离开了这种因子生命也就消失了。

对于亚氏的"精神因子"或"活力因子"一词怎样理解，这里有点模糊不清，可以有两种理解：一种是科学的，另一种是神学的。在现代的种子学或种子生理学中对于种子活力概念做出了解释，如2004年出版的《国际种子检验规程》(ISTA)将活力定义为："种子活力是一个广泛的环境下，衡量发芽率可接受的种子批活性和表现的那些种子特性的综合表现。"种子活力除了发芽率外，还有种子抗逆境萌发力和幼苗的健壮度指标。活力与生命力不同，生命力是代表死与活，而活力还有活力大小之别，如青少年的活力度大于老年人一样。再者，生命特征在于呼吸，即有"气"，所以，今天从种子生理学角度去诠释亚氏的生命因子或生命活力是科学的、正确的。如果将活力(viability)一词转化为活力论(vitalism)则是贬义之词，即成为"神创论"的帮手。

在西欧，自中世纪文艺复兴之后，教会神学与自然科学的新思想斗争更加激烈与复杂，因此，他们需要对生命的由来的禁区进行保护，于是亚里士多德的著作被歪曲地翻译，以致给了他"自然科学的基督先驱者"头衔。他们认为非生命物质被"永恒的超人力的灵魂"所激活就是自生的实质。亚氏的生命活力和精神因子就转变为"生长灵魂"并成为"活力论"的老祖宗了。为此，各种哲学的、科学的活力因子、精神因子或活力论都被神学收入囊中，这就能混淆视听，叫人真假难辨了。

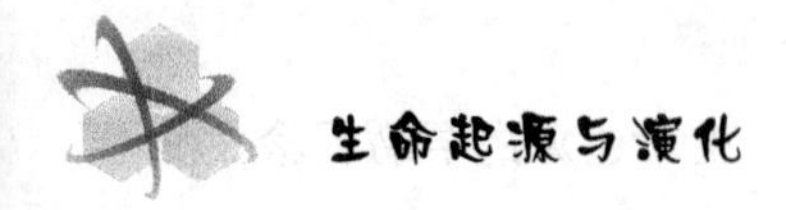

三、历史的必然

以上的各种生命起源历史观大多已成为历史，本书为之整理不是多余的，是有意义的。

值得指出，在当时神学宗教有着广泛的社会基础，所以，朴素的唯物主义自生论和胚种论是无法战胜神创论的，甚至被它利用。我们也要看到《圣经》作为西方神学的经典著作，它已超出一般书籍，它的发行量之大，阅读者之多，信仰者之广，是无法想象的。因此，也不必对它有过多的苛求责备。

长期以来，许多哲学家和神学者都按自己的观点解释亚里士多德的自生论与活力论，却缺乏真正的科学解释，因此也就难以分出胜负。自达尔文《物种起源》巨著出版和进化论思想传播，给了"上帝创造万物观念"最有力的一次打击。但是，神创论不会轻易退出历史舞台，到了 19 世纪后半期，进化论和神创论之争更为激烈。直到20 世纪中叶，生命起源的现代研究兴起和生物进化论的研究进展，两股势力汇聚在一起才结束了生命起源的早期或后期各流派之争。人类对生命发生本质的认识需要一个过程，至今还远没有完成。

第二章　地球生命化学发生说

现在知道，C、H、O、N、P、S是构成生命的基本元素。这些元素发生于宇宙"大爆炸"(big bang)后的演化产物，因此，它们不仅存在于宇宙空间的尘埃、星云之中，而且也存在于地球内部。所以，生命起源的观念，不只限于地球，而且还要放眼宇宙，这里将涉及天体物理、地球形成及其前生物的有机物的合成。为此，本章只着重于地球化学发生说的研究成果的探讨。

第一节　生命起源于蛋白质

奥巴林和霍尔丹是生命起源化学发生说的先驱者，而蛋白质团聚体假说揭开了生命起源研究序幕。奥巴林对生命海洋"汤池"发生说未能有效论证，但事隔半个世纪后生命海底热泉发生模式被提出而海洋发生说又得到"复活"。

一、奥巴林的蛋白质团聚体假说

1. 生命原始汤之源

20世纪之初，现代实验生物学兴起，当时生命起源的自生论受到巴斯德灭菌原理的打击和达尔文进化论的洗礼，生命的自生论渐趋平静。在这时候，俄罗斯生物化学家奥巴林(A. L. Oparin，1924)和英国遗体学家霍尔丹(T. B. S. Hoedane,1929)先后提出了生命起源化学发生观点。他们设想非常相近,认为早期地球有一个还原性大气圈,与外星球一样,会有极少量的氧而富含碳与氢以及与氢容易结合的甲烷和氨,地球表面有原始海洋以及布满温暖的小水池,大气中的无机分子在原始海洋或小池中合成简单的有机分子,如烃类化合物和氨基酸,成为诞生生命的"原始汤"。这种生命起源的原始汤假说,亦称之为奥巴林—霍尔丹假说。这个假说对后人产生了很大影响,而奥巴林又进一步引导了这项研究工作。

2. 蛋白质团聚体假说

1936年奥巴林(1894—1980)出版了《地球上生命起源》小册子,提出了蛋白质团聚体的形成在生命起源中的作用。经过20年的工作,奥巴林的《地球上生命起源》新版(1957),全面论述了生命起源的研究成果,并提出了生命起源三步曲。同时,生命起源的国际性专题讨论会在莫斯科首次召开,自此国际性的生命起源会议经常举办,促进了这项工作的世界性研究。

奥巴林的生命起源假说大体经历三个阶段:第一阶段是指简单的烃类化合物及含氮、含氧衍生物的形成,如乙炔、甲烷、氨、苯、环丙烷、醇类、醛类、脲、乙二醇、复合脂、氨基酸、有机酸等,通过当时强烈的火山爆发、宇宙射线、大气放电、高温高压等作用,可以自然发生,实现碳氢,氧氨化合物非生物有机化学过程。奥巴林认为"由烃类化合物变成烃类的氧和氮化合物在热力学上完全可能"。例如,甲烷分子在地壳放射性α射线作用下可以复合,同时放出氢和形成乙烷以及最简单的烯族、烃类。乙烯和乙炔与水相互作用时容易发生水合作用。只要在100℃高压和Al_2O_3存在下乙炔水合成乙醛($C_2H_2 + H_2O \longrightarrow CH_3CHO$)已被实验论证。或者,$CH_4 + CO \longrightarrow CH_3CHO$的反应,在任何温度下,在热力学上都是自发的。再者,人们用火花放电把CH_4、NH_3、H_2和水气反应合成了多种氨基酸。这些衍生物的聚合和缩合就在没有生命的海洋或"汤池"中积累,便进入第二阶段的多肽和单核苷酸的复杂分子的形成。

奥巴林的工作论证着重在第二阶段蛋白质团聚体的形成过程及其原始型细胞特性。他开始把均匀、透明的白明胶和阿拉伯胶水溶液混合在一起，获得了许多小滴团聚体。随后，实验小组用组蛋白和多核苷酸制成了一种团聚体，并把葡萄糖转化酶、β-淀粉酶和葡萄糖-1-磷酸盐（GIP）加入溶液中，结果发生淀粉合成与分解反应。后来，他们又用血清白蛋白、RNA、阿拉伯胶构成团聚体并加入核糖核酸酶、ATP，结果发生了多核苷酸酶的酶促反应。同时，还观察到团聚体能进行类似酵母菌的出芽繁殖，起初长出芽状物，随后不断吸收母液中生物分子生长。这种芽奇异地分裂开来，又长成新的团聚体（图 2-1）。

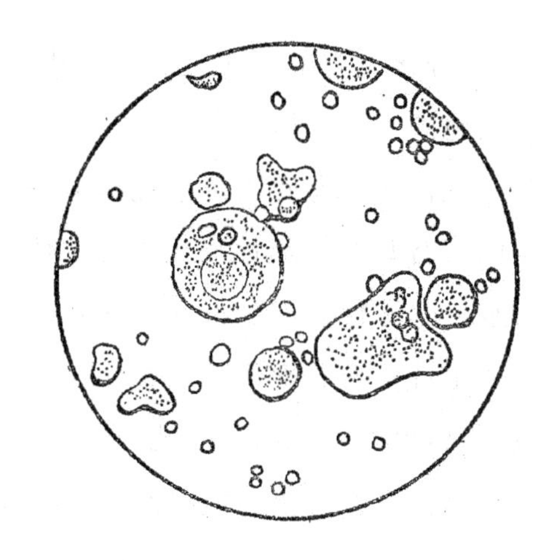

图 2-1　团聚体

奥巴林把原始营养汤中形成的分子体系，称为原生质体，具备了一定空间组织化的原始生命的过渡类型。其实，奥巴林和他的继承者所设计的胶体化学大分子团聚体如何过渡到原始生命还远没有论证。

3. 原始生命源于海洋的新发展

奥巴林提出的生命起源于海洋，只是一种假说。的确，原始海洋聚积着大量无机、有机的生命之“汤”，进行着各种化学反应，一般而言，原始海洋是生命的摇篮提法没有错。现在证明从地球原始海洋 35 亿年前的蓝细菌出现，在长达 10 多亿年的单细胞生物向多细胞的演化过程中直到寒武纪生命大爆炸发展到后来有爬行动物走向陆地之前都是在海洋发生的。

就植物演化而言，从原始海洋的单细胞藻类、丝状真核藻类、大型藻类经漫长的演化才出现苔藓、蕨类、过渡性的陆生植物，根茎还不发达，适应于湿地环境，在生殖细胞成熟时，精子通过水液游入颈卵器与卵结合而成合子，再分化成孢子体才完成生活史。只有高等植物的生殖与繁殖才完成适应陆地的生存环境。

现代海洋海底水热系统研究，发现了许多嗜热微生物，于是，早在1980年巴黎召开的国际地质大会上，柯里斯(John Corliss)等人首先提出了"生命水热起源模式"(hydrothermal origin of life model)观点。随后，有人认为寒武纪古生物和现代嗜热微生物可能相当普通，地球早期生命可能是嗜热微生物，也就是说当早期地球还处炽热状态时就有了生命发生。

海底水热系统大多分布于板块边缘的海脊上。特别在热喷出的各种气体、金属及非金属元素，如CH_4、H_2、He、Ar、Co、CO_2、H_2S、Fe、Mg、Cu、Zn、Mn、Si等。金属与硫化氢反应生成硫化物沉淀于喷口周围，逐渐堆积成黑色烟窗状物造，喷口的热水温度高达350℃，图2-2为海底烟囱。但是，与周围海水热交换后形成一个温度由350℃至0℃的渐变梯度，而喷出口的物质浓度从喷口向外逐渐降低，也形成一个化学渐变梯度。可以说，正是这种渐变梯度，提供了各类化学反应条件。水热系统就像一个流动的反应器，这里有非生物有机合成的原料(气体)、催化剂(重金属)以及反应所需的热能。

图2-2　海底烟囱

目前，有人通过实验室模拟水热环境条件，合成了氨基酸、有机酸、烃类化合物，从而支持了新自生论。当然，另有一些学者，对这个新学说提出质疑，认为现存生命是后生的，引起争论。现阶段的生命发生的化学演化研究只是刚开始，还缺乏深度，但生命奇迹般出现乃是事实。现存的极端嗜热的古细菌和甲烷菌可能最接近于地球最古老的生命形式。最原始的代谢方式是化学无机自养的，以 CO_2 为唯一的碳源进行硫氧化呼吸。因为热泉口那里有高的温度，有大量的硫、硫化物、氢、甲烷和 CO_2 等为最早期生命进行硫氧化呼吸所必需的元素，即在硫呼吸过程中元素硫代替了氧，细菌从氢元素被硫氧化产生 H_2S 的过程中获得能量。

我们认为从现存的硫细菌、氢细菌或甲烷细菌在海底热泉口出现利用丰富的 H_2S 或 S、CO_2、H_2、甲烷作为碳源和能源进行化能异氧生活是完全可以的，不足为奇。但由此推测早期热泉口曾是生命起源之地是缺乏证据的。因为，这里还不具备"汤池"中聚积着各种有机化合物及其合成蛋白质和核苷酸之类的化学成分，以及有外膜包裹的原始生命在此出现。所以，现存的热泉口古生菌可能只是以后从别处迁移过来的产物。

二、米勒与福克斯的前生物体的模拟实验

米勒和福克斯是继奥巴林之后重要的蛋白质生命起源观的探寻者。米勒用大气放电将还原性大气成分合成了氨基酸等化合物，而福克斯用热干法合成类蛋白质，并提出氨基酸在形成类蛋白质的自排序能力，都为蛋白体的生命起源提供了可能证据。

1. 米勒的原始大气模拟合成实验

(1)什么是原始大气

奥巴林在研究地球上生命起源时，就提出了早期地球是没有氧气的还原性大气圈的看法。这里将涉及地球降生之简历，地球是太阳系的一员，与太阳同源，比太阳略晚一点出现，年龄约 50 亿年。那时的太阳系是由宇宙大爆炸时出现的一团火热气体和尘埃物质组成的原始星云，地球就是其中一团星云不停地围绕太阳形成的球体。地球形成的第一个阶段称作冥古宙(Padean)。整个地球就像一个炽热的火球，温度高达 5000℃。地球在燃烧

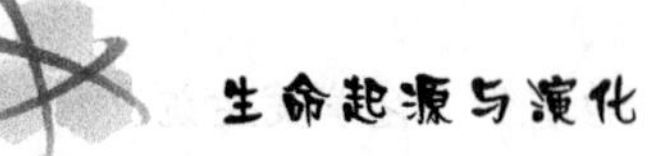

了百万年之后才逐渐冷却下来，质量较大的地核下沉、质量较轻的矿物质则不断地上升形成了地壳。现在我们称之为“地球”的星球才真形成。

地球第一代大气圈的主要大气成分是氢、氦、氖，它们很快摆脱地球引力而遨游太空。随之，地核炽热再现，火山喷发不断，喷出大量气体，形成了第二代大气。这时的原始大气，不以碳、氢、氧、氮分子状态而以化合物形式存在。它们的成分主要有甲烷、CO、CO_2、NH_3、O_2（少量）、H_2、硫化氢、盐酸和水气等。科学家认为化学演化的初始阶段，CH_4、NH_3、H_2、CO_2 和 H_2O 扮演了重要角色，它们在强烈阳光、射线、闪电、火山喷发作用下生成了氨基酸、嘌呤、核糖、叶啉以及烃类等有机小分子。通常人们喜欢用这样的形象图表达生命演化前的物质准备（图 2-3），视为 C、H、O、N 四大元素大闹天宫的过程。

图 2-3　原始地球大气与有机物形成

其实，如果当时大气圈含有大量的氢的高度还原性条件，则大气中的 N_2 或 CO 与氢反应，可直接生成的甲烷和氨，甲烷与氨在大气放电作用下，能产生氰化氢和乙酸，这样又可形成氨基酸和羟基酸。它们的简单反应式如下：

$$CO + 3H_2 \longrightarrow CH_4 + H_2O$$

$$N_2 + 3H_2 \longrightarrow 2NH_3$$

$$CH_4 + NH_3 \longrightarrow HCN + 3H_2$$

$$CH_4 + CO \longrightarrow CH_3CHO$$

$$RCHO + NH_3 + HCN \longrightarrow RCH(NH_2)CN + H_2O$$

这就是米勒等人所做的火花放电实验模拟原始大气组成成分的依据。

(2)米勒的模拟实验

1953年，美国芝加哥大学尤里(Harold Urey)和米勒(Stanley Miller)最先提出而后由米勒进行大量的生命起源的实验探讨而命名为尤里—米勒实验或米勒模拟实验。这个实验设计了还原性原始大气条件下的火花放电装置和水蒸气发生烧瓶组成(图2-4)。玻璃器事先抽真空，除去O_2，然后通入一定量的CH_4、NH_3、H_2和水蒸气(H_2O)给予火花放电，几天或一周后停止。取样分析表明，水液色泽发生改变，内含多种氨基酸，还有少量脂肪酸及甲烷、甲醛、乙酸等，其中，氰化氢和甲醛为中间产物容易消失。这是人类首次成功地模拟化学进化的第一步，即从无机分子合成简单的前生物化学分子。

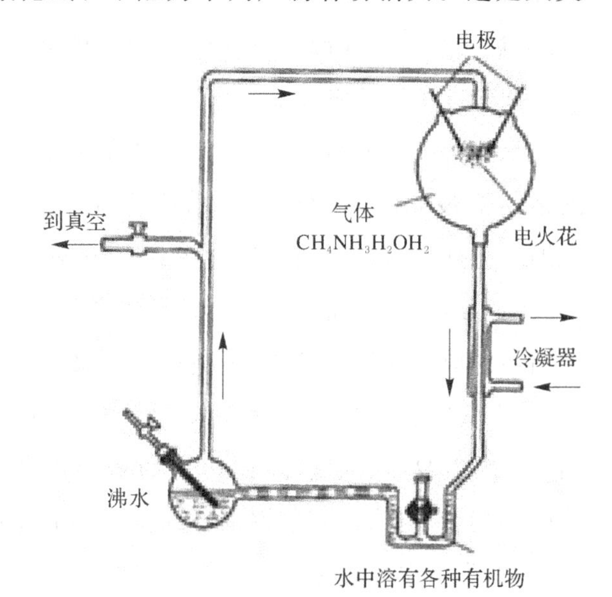

图2-4　米勒模拟实验装置

随后，米勒及其他学者重复和改造他们的实验，采用不同的混合气体(如增加N_2)、不同形式的能源(如热、离子辐射、紫外线等)以及不同的催化剂(如重金属和黏土等)，成功地进行了多种非生物有机合成的模拟试验。试验证明，H、C、N可以合成5种嘌呤、嘧啶，用

HCHO可以合成多种糖和氨基酸，而多肽与核酸的无酶聚合试验也取得了进展。

总之，在20世纪后半期，这种模拟试验已别开生面向纵深发展，从模拟原始大气、原始海洋到海陆交替的黏土，矿物催化表面以及干热谷、海底热泉口的聚合反应进行探索。所以，有人认为米勒的实验是解开生命起源之谜的重要转折点，也为奥巴林的蛋白质团聚体和福克斯的类蛋白微球体实验提供了有力理论依据与修正了不足之处。

2. 福克斯的类蛋白的微球体与干热聚合说

(1)干热聚合反应

美国化学家福克斯(Fox. S. W)学派研究生命起源始于20世纪50年代，比奥巴林晚，大有后来追上之势，其观点与奥巴林相近似。他们在六七十年代做了大量人工模拟试验，解决了自然性的多肽聚合难题，提出了生命起源的类蛋白微球体(proteinoid microbody)干热聚合学说。福克斯著有《分子进化与生命起源》和《前生物系统的起源》，正好回答了当时生命起源化学演化三步曲的新论点。

根据热力学分析，蛋白质高分子的合成，只要消除产生水就可以完成，这样的条件在海洋不行而火山熔岩附近可以发生，使氨基酸合成多肽。福克斯等人利用这样的假设进行实验，开始以谷氨酸和天冬氨酸混合在160～200℃下加热1～6h得到分子量5000～6000的多肽聚合物。随之，逐步加入蛋白质组成的其他氨基酸，不断扩大热聚合，终于获得了蛋白质特性的聚合物，命名为“类蛋白质”(proteinoid)。如果在反应中加入磷酸化合物，类蛋白合成更容易，当温度降到700℃时产率更高。这种类蛋白具有催化作用，与酶的功能相似，也有水解、脱羧、氨化和氧化还原作用。

(2)类蛋白微球体

类蛋白微球体学说的含义就是把干热聚合的类蛋白质溶解于稀盐酸中制成类蛋白质微球体而言的一种原始型细胞模型。为此，福克斯实验完成了以下几方面有意义的工作。

①氨基酸测序。人们要问类蛋白的氨基酸排列结构怎样？从实验测定的统计数字看，它的内部排列并不完全随机，也不是均匀的或无序的混合物。那么，是什么力量能使氨基酸排列成一定秩序呢？他们认为氨基酸的个别性状、肽链的立体结构因素支配着氨基酸的排列。这样，氨基酸在形成类蛋白质时的自排序能力是非常有意义的。它至少回答了在没有核酸密码时，类蛋白也能形成一定秩序性，是成为化学进化的出发点。后来，Eigen(1971)提出的分子自组理论也支持了福克斯的这项研究成果。

②类蛋白微球体的功能。福克斯实验室把酸性类蛋白放到稀盐酸溶液中加热溶解冷却后，却出现白浊，用显微镜观察，发现形成了无数球状小体，称之为类蛋白质微球体。当它与酸接触时会形成大小不一致的微球体，并证明是一个较好的原始细胞模型。它与细菌有相似的形态、结构，可以用离心法收集经计数，1g 类蛋白物质可生成大约 1 亿个微球体，大小在 2μm 左右，且有双层膜的外界。这种微球体在高渗盐溶液内发生收缩，在低渗液中发生膨胀反应，此外，它还能吸收营养，出现分裂增殖现象，即具备了新陈代谢能力。

以上奥巴林、米勒和福克斯的生命起源化学发生说，其主要观点与思路同出一辙，都是由无机到有机，先有氨基酸发生而聚合成蛋白质在溶液中形成类蛋白质的团聚体或微球体，具有原始细胞之模式进行生命之演化。当然，各人在论证中的方式方法有所不同，福克斯的实验性工作，无疑比奥巴林设想更进了一步，而米勒后来则转向肽核酸(PNA 是 RNA 的前身)的研究。这些工作的重要意义在于提出了生命起源的化学演化之路，其中，蛋白质的生命演化是否是原始的成功之路还是值得讨论的。因为，从今天看来，蛋白质的生物合成，还需要先有核酸。

第二节　生命起源于RNA

以上奥巴林和福克斯的蛋白质生命起源的经典实验似乎不能回答生命复制DNA的遗传密码问题。生命发生究竟先有蛋白质或先有核酸，在20世纪后期被提出来了。先前偏向先有蛋白质而后又偏向核酸，因为生命的遗传核酸复制是不可少的。现在大家认为蛋白质和核酸是同时形成的，才能有原始生命出现。这不排斥各类化合物的先后出现与交叉作用而聚合成具有原始复制的生命体。

一、先有蛋白质或先有核酸

蛋白质是生物细胞中最重要的组成部分，而且由于生物化学家的早期研究始于蛋白质，因此，蛋白质在生命起源中的作用自然地被提出来。恩格斯说："生命是蛋白质体的存在方式。"也表达了蛋白质在生命活动中的重要意义。蛋白质不仅是构成生命的主要成分，而且是生命代谢的物质基础，也是基因表达的功能体现者。

奥巴林和福克斯的蛋白质团聚体或类蛋白微球体，只是提出了一个在自然条件下聚合的蛋白质高分子形成胶化颗粒，如同原始生命细胞，具有初级的代谢功能的设想与探索。他们的研究成果，为后人提供了可贵参考。生命起源的真正难点就是从化学进化到生物进化的过渡。我们对此还了解不多，但要包括以下几步：①无论是蛋白质或是核酸的前体在特定条件下能聚合自组；②遗传密码起源，随之将蛋白质纳入核酸的自我复制系统控制中；③生物膜的出现以保护生命体与外界分隔而又能交换物质。

实际上，前生物化学进化经过亿万次的自然反应成为蛋白质、核酸、脂类大分子或脂肪酸各自先合成而后进行漫长的偶然结合与组装的演化。这样就难以说明先有核酸或先有蛋白质。因此，我们不能用目前所知的遗传中心法则来解释初始的非生物合成，那时的大分子合成还不带有遗传密码和自我复制的能力。可以说，这两类分子在前生物合成上开始并不关联。

二、RNA的世界构想

1986 年，哈佛大学生物学家 Gibert 提出 RNA 的世界构想，意即是地球上化学进化过程中，曾有一段以 RNA 为主要的生命形式的时期。这个问题的提出，立即受到科学界的关注。1996 年在法国召开的第 11 届国际生命起源大会上，重点讨论了生命起源与 RNA 问题。

RNA 分子如何能在原始地球系条件下较之比 DNA 和蛋白质更容易生成呢？有人证明核苷酸能在一种矿物土或黄铁矿上进行聚合反应而 RNA 则能催化肽健合成反应。这种催化功能从现代生物体中相互关系的核酸和蛋白质之间得到了新的解释。如有资料表明原生动物四膜虫（tetrahy mena）中大小为 26s 的 rRNA 前体由三部分组分，能自行剪除，其中内含子获得线性片断 Livs—19，显示出一个有功能的催化剂。即能使 1 个磷酸二酯键在两个分别具有 5 个 C 的核酸片之间的转移，并与底物进行碱基配对。

然而，用现有的 RNA 催化作用来解释，只便是分解或片断的，总是不够满意。所以，假定在原始地球上普遍存在的无机矿物的催化聚合而产生有活性的单体核苷酸加以论证就比较信服。矿物黏土是岩石长期风化产物，它在地球以外的空间也存在着微粒状（$<0.1\mu m$）矿物尘土，它能催化种类众多的化学反应。我国学者王文清（1998）已发现矿物黏土能催化寡核苷酸（包括嘌呤核苷酸和嘧啶核苷酸）的单体合成以及用一种矿物蒙脱土催化剂合成寡聚 RNA 片断。这些实验旨在为“RNA 世界”的生命起源假说提供可能的证据。学派之争，总有分歧。现代学者比较一致认为，作为生命的基本物质，蛋白质和核酸可能同时形成的，蛋白质靠核酸或前体进行生物合成，核酸又依靠蛋白质进行复制与转录，原始生命才算形成和自行繁殖。

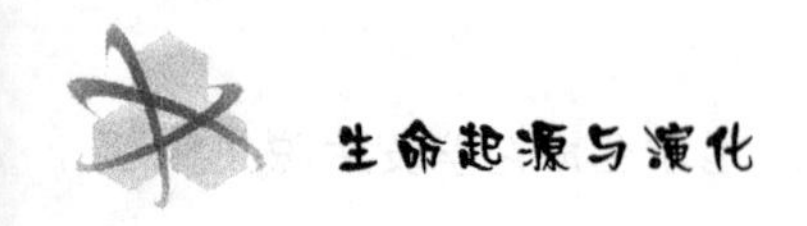

三、从化学进化到生物演化

自20世纪70年代以来,化学、物理与生物学之间有了更多的沟通,也有了更多的共同语言。例如,化学证明原子、分子和分子系统都具有自我组织能力。Eigen提供了分子结构过渡的理论基础。近些年许多学者的新观点给予了应有的补充,以下两个可能模式值得重视。

1.超循环组织模式

Eigen(1971)认为在化学发生和生物演化之间存在着一个分子自我组织阶段,通过大分子的自我组织建立超循环组织(hypercyclic organizatiom)并过渡到原始的有细胞结构的生命。何谓超循环组织呢?因为化学反应循环有不同的等级水平,它的各个简单的低级的相互关联的反应循环可以组成复杂的高级的大循环系统。类似单链RNA复制机制(正链与负链互为模板)自催化或自我复制的单元组织起超级循环系统,由于自我复制而能保持所积累的遗传信息,又由于在复制中可能出现错误而产生变异,从而借助自然选择实现生物进化。

Eigen的超级循环组织,借用已知的RNA为模板来阐述问题,只是一种逻辑思维。虽然前生物的自我组织能力全靠化学的弱结合自序性,逐步提高自组循环的复杂性,或许有可能,但要达到RNA自我复制的演化过程是远没有解决的问题。

2.阶梯式过渡模式

1984年,Schuster等人提出了一个包括6个阶梯式步骤的综合化学演化模式(图2-5)。这就是将化学自我组织的超循环具体化。进化从小分子开始,到有原始细胞结构的微生物为止,要通过六道难关(或危机)。小分子的产生与聚合是普遍存在的,所以,我们认为3、4步骤的演化最为重要。假定在自然条件下,多核苷酸也能自由合成,但最早出现的核苷酸应是以自身为模板来控制其复制,否则,生化演化难以向分子准钟和功能组织化发展。

这时类蛋白或多肽在多苷酸复制中能起催化作用，但它们是作为外界环境因素(有如介质中的铁离子或有吸附作用的黏土等催化因素)，且不依赖多核苷酸而独立合成的化合物。

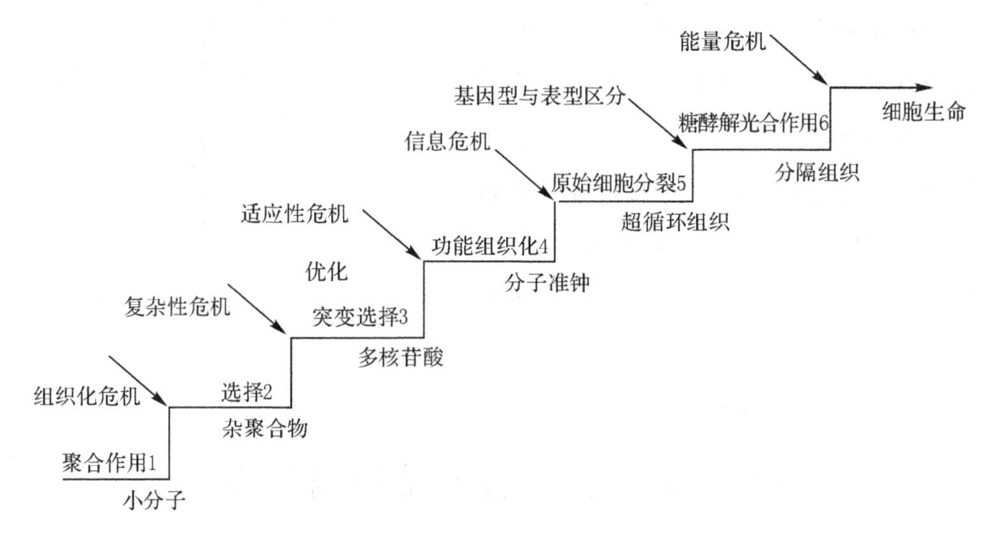

图 2-5　生物自我组织的阶梯型过渡模式

除此以外，如类脂膜的形成，ATP、GTP、CTP 和 UTP 等有活性的单分子的形成也与多苷核酸无关。只有在第 4 步阶梯上蛋白质合成才被纳入多核苷酸的自我复制系统，这时的多肽结构依赖于多核苷酸上碱基顺序最早的基因和遗传密码产生了。这一关键性的步骤是通过所谓超级循环模式达到的(图 2-5)。这种阶梯型过渡模式的逻辑的推理是基于前人大量研究工作之上的。

由于近 20 年来对生命起源的“RNA 世界”的深入研究，目前生物界大多数学者已倾向核苷酸最先发生。有理由推测，原始的遗传信息大分子就是 RNA，它既能作为转译蛋白质的信使，又能作为传种接代的遗传物质基础。可以设想当萌芽时期的生命 RNA 被催化合成，便能参与蛋白质的合成。一旦最早的蛋白质分子形成后，就能演化出比 RNA 更稳定而有效的 DNA 分子，而取代 RNA 成为信息的主要载体。这就是说现已确定生命现象中的信息流说如图 2-6 所示，RNA 的主要功能是传递遗传信息，参与基因的表达与调控，但是，某些病毒和动植物及昆虫的单链与双链遗传物质则由 RNA 组成在起作用。在细胞减数分裂和有性生殖时非常需要 DNA 的预先复制，于是 RNA 退化在生物体中只起着联系蛋白质和 DNA 中间的桥梁作用。目前，生命起源的 RNA 作用与化学发生解释还是比较满意的一种方式。

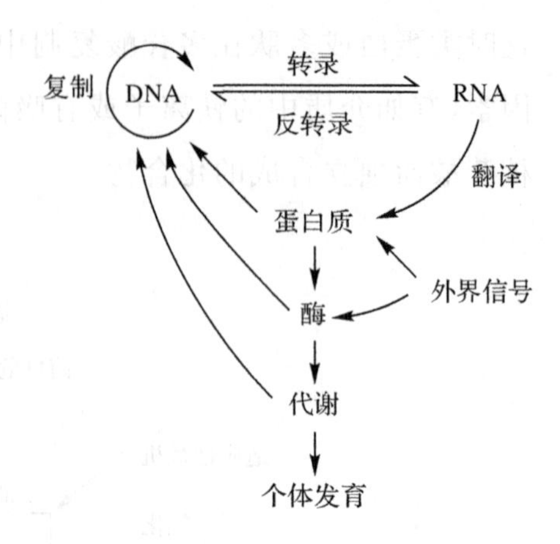

图 2-6　生命现象中的信息流

第三节　手性起源及熵与生命

生命起源中的对称破缺，即生物分子手性的均一性，是生命科学中长期以来的未解之谜。这虽不是生命起源的主题，但值得探讨。生物的进化是由无序到有序，由简单到复杂的过程，那么生物体的有序性是如何产生与维持的呢？这就需要引入熵变与生命关系的概念。

一、生命起源中对称破缺

1. 蛋白质和核酸的手性

蛋白质和核酸是生物体的生命基础。为什么在自然界中氨基酸有 L 型和 D 型两种对称映体，而组成蛋白质的 α 氨基酸却几乎都是 L 型。天然糖有 D 糖，也有 L 糖，但 RNA、DNA 中的核酸却是 D 糖。这是科学之谜，称为生命起源中的对称破缺。蛋白质和核酸的这一特性，称作分子的手性均一性。

已知蛋白质组成成分的氨基酸共有 20 种，除甘氨酸无不对称碳原子因而无 D-型及 L-型之分外，一切 α 氨基酸的 α-碳原子皆为 L-型，但在微生物中稍有例外。核酸是一种多聚核苷酸，它的基本结构单位是核苷酸，而核苷酸又由碱基、戊糖和磷酸组成。核苷酸中的戊糖有两类：D-核糖和 D-脱氧核糖。

生命分子 RNA 和 DNA 只由 D-核糖组成，而蛋白质只由 L-氨基酸组成。然而，核糖的正确复制取决于 L-氨基酸构成的蛋白质的活性，两者的手征性是密切相关的。据知在细菌和病毒中，已发现蛋白质和氨基酸组成成分中既有 L-型又有 D-型，但在大多数生物体中，尤其是高等植物中这种选择是特有的，是什么力量从 D-型与 L-型分子中只选其一半呢？有人将这种生命现象称之为对称自发破缺，可能具有自然选择的随机性，这有如人们入座就餐时，是左手拿筷或是右手拿筷一样的可能性。这样的随意性比喻并不恰当，唯有找到一种不对称驱动力，才能解开问题本质。

2. Salam 假说与生命分子手性均一

我们知道一个基本粒子（电子或正电子）静止时是球面对称的，因此是非手性的，但一个自旋粒子沿着自旋轴的任一方向移动时，它成手性特性，如旋螺运动特性一样。β 射线的实质是高能电子 β^- 及其反物质正电子 β^+ 处于固有的自转时，被分成左旋和右旋。自 1957 年，李政道、杨政宁发现宇称不守恒后，人们试图将 β 衰变现象作为一对映体过剩的机制，并把 β 衰变不对称性和生物分子的不对称性联系起来。科学家们试图用实验给予论证，但因为方法和实验条件的不同，常出现矛盾与不一致性。王文清等人系统地分析了氨基酸构型和旋光性后发现，生命起源的早期产生的氨基酸除甘氨酸无手性外，丙氨酸、天冬氨酸、谷氨酸、缬氨酸、丝氨酸的 L 型旋光性质一致为右旋光性有选择而不是对构型（D，L）有选择。

所以，β 电子和手性分子的相互作用有可能引起分子的手性选择，但这是外界因素，还必须有内在因素的作用。1991 年 Salam 提出一个新概念，

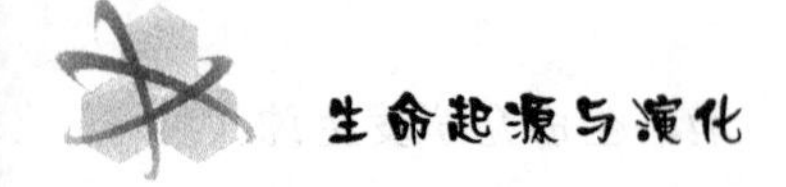

由于弱相互作用，电子与电子耦合形成库柏对，在临界低温下玻色凝聚，使D-氨基酸向基态L型产生二级相变，造成生命起源中对称破缺。一般说来Tc是个临界低温值，这种条件不是在地球上而是在宇宙空间（早在地球形成前）氨基酸的手性选择就已发生。

前些年科学家就已观察到猎户星云，在相当广泛的区域有环形偏振光在旋转。人们认为，当光子作用于氨基酸分子时，顺时针旋转的光子可破坏右手螺旋的氨基酸，而逆时针旋转的光可破坏左手螺旋的氨基酸。由于太阳系曾一度产生了大量的顺时针旋转的光子，破坏了大量的右手螺旋的氨基酸，因此只留下了左手螺旋的氨基酸。由此认为在地球生命形成之前，就有以上小行星光顾地球送来了左手螺旋的氨基酸，这与太阳系一度产生了大量的顺时针旋转形成偏振光有关。

二、先有手性的均一性还是先有生命

1995年在美国洛杉矶召开了“生命手性起源”问题的国际讨论会，与会者一致认为，手性均一性即是一种手性构象占绝对优势，对于今天的生命是必需的，为了保持有机体的生存与复制，细胞必须建立在遗传物质右旋、氨基酸左旋基础上。但人们在以下两个问题上存在很大分歧。

第一个问题类似“蛋鸡悖论”，究竟手性均一和生命起源哪一个在先？Bonner强调均一性对生命至关重要，组成DNA分子遗传密码的两条互补链如果是混淆旋就根本无法结合。

Miller却认为手性起源先于生命，并提出一种DNA和RNA的前体PNA（肽核酸）的作用。PNA自身成键比DNA互补链能力强，其配双链的是不显示手性的双螺旋，这可能是由于每个分子都不停地左手型和右手型间转换，就如你可向任何一方向扭一根橡皮条一样。所以，Miller认为这正是生命无需单一性的东西。Nielson阐述了导致PNA螺旋变为单一手性的关键步骤，即在DNA键末端加一个左手型或右手型的赖氨酸，就可使PNA

螺旋的手性稳定成左的或右的手型。Miller 还认为如果 PNA 像 RNA 一样有酶的活性，PNA 的一种空间异构体就有可能帮助分子有较好的自我复制，当时间足够长，就可能致空间异构体的手性均一。科学家们是如此着迷于讨论生命起源的手性问题，但至今仍未获得一致看法。

第二个问题是关于生命究竟起源于地球还是宇宙。生物化学家 Miller 与 Bade 坚信生命源于地球，而天体物理学家 Bonner 等人则认为源于宇宙。Bonner 地外起源论学派对地球起源论的怀疑在于熵变使分子形成消旋混合物。因此，科学家们正努力在地球上寻找一种物理力，用以对抗进化力，例如酶的选择作用，以便能满意解释一种空间异构体如何变得占优势。

Bonner 提出超新星的残体中子星，能释放出含圆偏振光的辐射的某些证据，这是一种顺(或逆)时针螺旋的电磁波，它可能造成宇宙中有机分子的一种对映体的过剩。M. Greenberg 支持这种观点，指出彗星是由含有机物的星际尘埃组成的氨酸的证据。由此认为如果彗星上曾发生过单一手性生物分子的浓集，那么就是有可能找到生命起源的开端。为此设想，早在地球形成之时生命起源之前就认为彗星的陨石和尘埃撞击地球送来大量的有机手性分子的可能性是极大的。

三、熵变与生命

1. 熵的引入

生命是什么？生命不是一群分子的堆积，它是有着高度精细的细胞结构与组织分化，能与外界进行物质交换，通过新陈代谢的调控，有效地生长繁殖的生物机体。这就是生命与非生命的本质区别。生命演化与生命现象是可以用物理、化学定律进行某种阐述，但始终不彻底，不尽如人意，仿佛生命与非生命隔着一层活力论窗纸，还难以弄明白。

热力学第二定律告诉人们，任何自然物体发生过程，总是体系越来越无序即熵增加的方向变化。物理学上的这一条发生规律与生物进化完全相

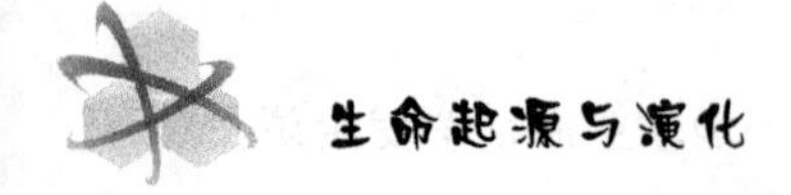

反，但生物学的有序是如何维持的呢？近代物理化学家发现两者并不矛盾，它们可以统一在更广泛、更普通的热力学理论之中。这一理论表明平衡态是远离热力学平衡的，生物体中大量的过程和主要过程是不可逆的，因此，生物才能存在和进化。物理学家认为生物体的熵变由两部分引起，即一部分与外界的交换称为“熵流”，另一部分来自内部的化学反应，不可逆过程产生的，称为“熵产生”。熵产生大于或等于零。新陈代谢的最本质意义就是使有机体成功地消除它自身活着时候不得不产生的全部熵，即负熵，否则，生命的死亡就难以摆脱。这正如薛定谔所言："生命赖负熵生存”观点，新陈代谢所包括的能流、物质流和信息流就是一切负熵流作用而运行。

2. 耗散结构与生命现象

1970 年，比利时物理学家普利戈任（C. prigogine）提出耗散结构概念，从理论上证明了远离热力学平衡态系统可以出现有序结构。后来，有人把这种概念应用到生物演化上的开放系统中，生物进化就是一种缓慢变化的非平衡的连续过程。生命前体的复杂化合物团聚体的有序和组织可以通过一个“自组织”的过程，从无序和混沌中自发地产生出来。耗散结构内的物质粒子处于不断流入和流出，物质与能量不断地消散，只有与外界交换才能维持这种结构的存在与演化。

所以，耗散结构理论，原则上认为从物理—化学的原理出发认识生物进化现象以及与之相关的生物进化现象开辟了一条新的途径。譬如化学振荡之间与生物震荡之间、化学组分浓度形成的空间结晶花纹和生物形态之间以及化学波和生物信息传递（如神经活动）现象之间都存在高度的相似性。耗散结构还提出通过“涨落达到有序“的观点解释了生物进化现象，也适用达尔文的”适者生存“的进化学说。

第四节　生命起源的宇宙观

生命的基本组成元素是广泛存在于地球表面与宇宙空间的C、H、O、N、P、S六大种元素。生命一开始经历了广泛分布于宇宙中有机物质分子的自发形成与相互作用。前生物的演化是指有细胞结构的原始生命出现之前的化学演化过程。一种观点认为前生物演化发生在地球上，另一种则认为始于宇宙空间，这在前边已经论及。生命从宇宙观念出发，以上两种看法是可以调解的，由此将涉及宇宙大爆炸与星球元素物质形成的科学事实。与此同时，我们还要探测地外文明及生命，首先是对太阳系的金星和火星上的生命直接勘测，随后是对银河系的生命探寻。

一、宇宙大爆炸与太阳系形成

1. 宇宙大爆炸

现代研究宇宙演化的假说很多，最有影响的是大爆炸学说。这个学说的基本观点：宇宙早期如同混纯未开的“宇宙蛋”，处于高温高密度状态，所有的物质都分解成结构粒子，是经原始火球（或寄点）发生爆炸而产生的。宇宙从大爆炸开始，迄今已有200亿年的演化史了。

宇宙在爆炸之后就不断膨胀，经历了基本粒子阶段、物质凝聚阶段和未来演化阶段。宇宙的进一步膨胀，使辐射温度不断下降，各种元素形成，气状物质凝聚成星云发生与演化是很难回答的天体物理问题。但是有一种通俗可接受的观点认为，宇宙无限也会发生周期性的膨胀和收缩而无限更替，即宇宙有生有灭，再生再灭。所以，人们把它称之为振荡或脉动式宇宙。

2. 太阳系星球与地球形成

大约60亿年前，太阳系作为大爆炸产物的混合星云，在万有引力作用下，加速自转，"星子"不断地相互碰撞破裂或聚合。那时星云盘内物质组成可分为"土物质"（主要是铁、镁、硅及氧化物）、"冰物质"（碳、氮、氧以及氢化物）、"气物质"（主要是氢、氦、氖）三类。大星子不断吞并小星子，并逐渐地集聚成行星星云，而中心形成原始太阳。这样形成的行星系统，必须具备运动的同向性、共面性和近园性，这就是现在可观察到的太阳系九大行星的特征（图2-7）。各行星离太阳有远有近，质量有大有小，各自的"势力范围"不同，这将影响着行星的内在结构和未来的生命起源的环境条件。

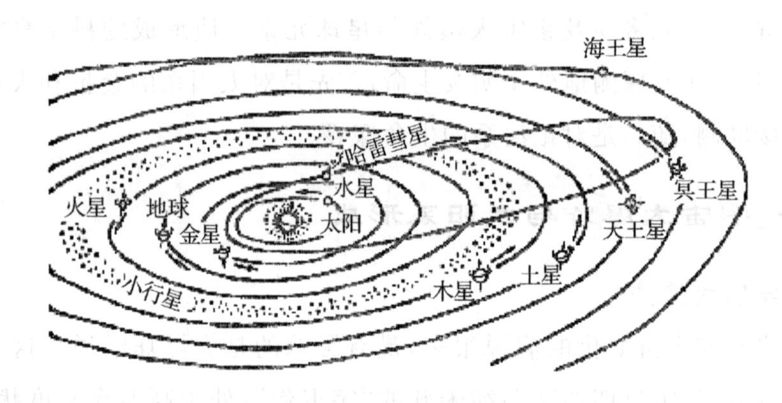

图2-7　太阳系结构图

离太阳较近的行星有水星、金星、地球和火星，因温度高，大多气体物质和冰物质挥发掉了，形成的行星密度大而行星区的宽度小，所以行星的质量和体质都小。离太阳稍远一点的巨行星区，冰物质和土物质一样地凝聚为星子，不少气物质凝聚到行星上，形成了体积大而密度小的木星和土星。离太阳更远的外行星区的天王星、海王星和冥王星受太阳的引力弱，气物质容易逃走而密度比巨行星稍大些，但该区可被吸附物质比木、土区少得多，所以，行星成长慢。这样，各行星直径大小以及各行星排列成"两头小、中间大"的事实。

二、星雨大撞击与地球生命起源

1. 星雨大撞击与原始大气

一般认为地球的年龄约46亿年，这是根据铀原子两个同位素U238和U235的脱变速率推算出来的。地球的早期由于它的不断运动，一方面内部物质的聚集收缩而产生了大量的热，另一方面地球内部的放射性元素的衰变不断放出热，使地球一度液化而成为熔融状态。因重力的作用，产生物质分离，重物质下沉，轻物质上浮，在不断的分离过程中，形成了今日地球的三个组成部分，即地核、地幔和地壳。

地球形成之初，在以氢和氦为主的原生大气进行第一次化学反应；通过氢和氧、碳、氮等结合，生成水、甲烷、氨、一氧化碳、二氧化碳和氰化氢等次级大气，多余的氢大部分向外太空逃逸。氦是惰性气体，不参与化学反应直接逃向太空，其余气体分子量较大被地球留住了。这就是一般所描绘的原始大气成分。然而，原始大气的组成仍是一个有争论的问题，著名的尤里—米勒的原始大气合成实验即假设为以上气体成分而进行的。按多数专家的看法，碳可能不是和氢化合成甲烷而是以和氧化合成CO_2形成存在。氮很可能是分子氮（N_2）或者一种或几种与氧化合的形式存在，而不是以氨（NH_3）存在。氢气只是痕量存在。如果这些估计正确的话，那么地球生命前体的有机化合物的合成便增加了难度。如果，米勒的实验条件不成立，则意想不到支持观点则从外层空间获得，尽管如此，但米勒的研究仍有开创性的价值。

探索宇宙的最强有力技术之一是光谱学。光谱探测揭示宇宙空间弥散着极为稀薄的微观颗粒云，即星际尘埃（interstellar dust），其中包含着相当数量的潜在生命分子，主要是由碳、氢、氧、硫、硅以及高反应性组成，料想彗星的形成就是这样发生的。长期以来被看成拖着闪烁的尾巴风驰电掣般掠过天空的火球似的彗星，大多带有附着各种有机物尘埃和冰块，这已从光谱

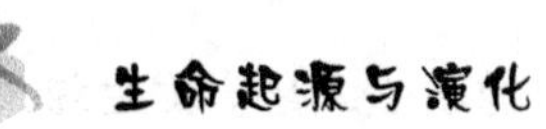

分析得知。陨石给我们带来更为确实的证据，例如，从1969年落在澳大利亚麦启逊镇的麦启逊陨石上找到了18种氨基酸和1种尿嘧啶，令人称奇的是，这颗陨石所含的氨基酸的分子结构竟然多数是左手螺旋形态，这与地球上构成蛋白质的氨基酸属性一样。图2-8所示为麦启逊陨石。

图2-8 麦启逊陨石

2. 生物前体的物质产生

现在，有足够的证据表面大量的生命分子可以在原始地球上，在星际空间以及在彗星和陨石中找到，很可能提供了最初的生命种子。有多少是地球制造，有多少来自外层空间，已不重要了。因为，在地球形成之后到生命形成的10亿年间，受到地球引力作用，经历了一段漫长的天体星雨大撞击(heavy bombardment)，起到有机物质的传递作用，而冰水也被彗星带来。所以，英国天文学家C. Chyha在他的《地球生命的宇宙起源》(1992)一书中提出了地球早期生命发生的基本物质，可能通过星云(asteroids)、陨石(meteorites)、彗星(comets)和星际间尘埃(IDP)，带有足够多的有机化合物从外部空间到达地球表面的观点与证据。

岁月流逝，因地壳运动以及生物活动与水域风沙冲刷，地球上的许多陨石坑早已变形或消失。然而，在渺无人迹的南极，科学家用探测仪探索地貌，已发现北极冰层下有着无数个巨大的陨石坑，有的直径达300km，并捡回1万多块小陨石。据知，现在地球每年还遭遇500万个陨石撞击，绝大多数陨石重量不超过1克，在进入大气层不久就烧了，但能够落到地壳的陨石仅约20个，所以很难找到。

然而，月球表面的大陨石坑至今大多还保存着，最大直径达1200km

(图 2-9)。但行星科学家不能完全准确计算所有大小陨石坑,因为,坑太多已不好辨认,有些则被熔岩所填。根据美国阿波罗 12 号检测资料表明,强烈撞击坑主要发生在 35 亿年前而后撞击率迅速下降。现在通过对火星(Mars)和水星(Mercury)古老地表陨石的探测和计算在行星大撞击时留下的痕迹,其抗击坑大小、密度和规律都与月球相似。早期金星与地球一样活跃而陨石坑都已消失。如果推断这些离太阳较近行星区所遭受的星雨大撞击大体一样,也不觉为奇了。2007 年 12 月初,我国嫦娥 1 号卫星拍摄传回的月球表明图像也很清楚,其撞击坑很多,密度较大,最大坑的直径为 94km。

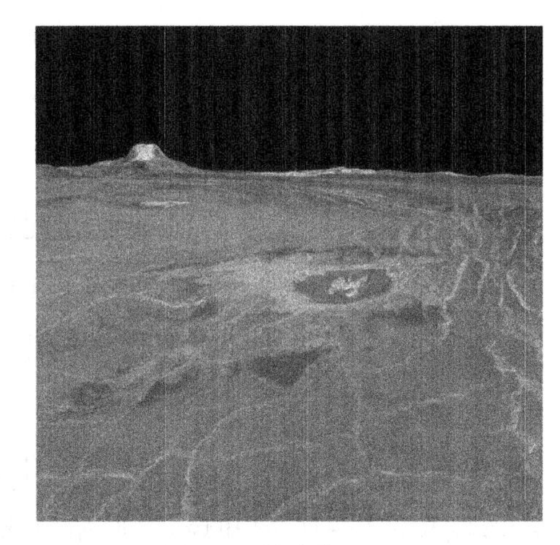

图 2-9　月球陨石坑

根据以上检查情况,我们认为在地球形成之后几亿年间,在高温环境、闪电、太阳紫外线、宇宙线以及星雨撞击下,还原性次级大气中发生了第二次化学反应,生成了蛋白质构件氨基酸和核酸的构件嘌呤、嘧啶、核糖,以及叶绿素的构件吡咯等。米勒等人通过模拟原始大气条件,这些有机物已经全部在实验室中合成。放眼宇宙,这些物质早在宇宙星际间形成,不能只视地球为生命唯一的发生地。

所以,美国哥伦比亚大学天文学家 Colgates 等(2003)提出了地球生命起源和其他岩石星球一样有着一种普通的天体物理学的理论基础。宇宙的星云形成都有共同的物质与能量基础,而太阳系的行星形成和生命发生都有相同的机理。生命只有一种信息系统,那里的信息系统容量因为选择而增加,但它必须从最小可能的热力学平衡开始,也需要热力学自由能最易接近利用它的信息容量。它所处的环境是温和的,在长期富含自由能保持中最小熵变。因为生命信息,它必需产生局部熵的还原作用。这需要能量,生命必需利用自由能。信息容量局部增加或熵的减少是迈向生命发生的决定性一步。

以上需求会发生在什么地方呢?Cologets 等认为在星际能量大撞击时,这样的唯一条件是处在地球表面以下数十公里无以计数的微孔环境。基于这种观点,推动自发催化早期生命形成的反应能源是化学潜能(redox potential)与碳化氢和氧之间的差。烃类化合物在星云(nebula)冷却时形成,并在各种紧密结合的硅酸盐催化剂颗粒上通过 Fisher-Tropsch 反应固定形成长链(~16 饱和烃)。原始氧来自微束服性的铁的氧化物和硫化物,它们作为颗粒在行星形成过程中增加。坚硬的硅酸盐颗粒支撑着微空对万有引力的压缩。这些包裹着烃类焦油的硅酸盐以及各自分离的氧化铁和硫化物颗粒在各类岩石的微孔中提供了生命形成的自由能。

三、生命起源的各种新观点

1.星际尘粒氨基酸合成与胚种论

近些年来,科学家从高空尘粒采样收集到多种氨基酸成分,它来自何方还不得而知。1999 年美国密苏里大学天文物理学家 Sorrell W. H 提出星际尘粒合成氨基酸的新证据。通过毫米波排列(millimeter wave array)观察发现甘氨酸在稠密的人马座(sagittarius ß2)星云中形成。如果这种观察是可靠的,这将改变今天分子空间形成的一系列问题。因为作为通常星云化学的气相反应制造是不可能的。实验室研究提供了一种新的范例,氨基酸和其他有机大分子在冰粒膜的大体积内在乙醇存在下,通过紫外星光的照射获得化学制造。频繁的化学爆炸过程将喷射出大量有机尘粒的碎片进入周围星云,大碎片经喷溅变成小碎片,最后通过光分离成各分子。因此,一定浓度($10^{10}\sim10^{15}/cm^2$)氨基酸将出现在气相中。一种可估量的有机分子能够存活下来播种原始行星,遍及银河系带有所必需的蛋白质和核酸生物前分子。

有资料表明，类似于 Sagittarius B2 形成星云是有机尘粒的巨大制造厂。这些颗粒具有厚的吸收冰层保护内在氨基酸和其他有机建材免受辐射伤害，即使冰层颗粒受热升华迅速发生相气又扩大凝聚，有机物也不会发生自由氧的伤害。星际氨基酸证明非外消旋特征，这将告诉我们紫外星光以园偏振光穿过亚星云冰粒膜内部合成所致，它可能选择性地淘汰了 D 型或 L 型分子。所以，构成生命蛋白质只由左旋氨基酸组成，为什么这样？有人解释：最初左旋氨基酸与右旋氨基酸可能在分子星云中等量形成，后来因为分子受到周围原始恒星释放的右旋园偏光紫外照射，右旋氨基酸被分解，左旋氨基酸过剩被组成到生命机体中来。

Greenberg(1993)提出地球生命史在 46 亿年前一次通过大量有机尘埃的太阳系螺旋臂区播种上的。Chyba 和 Sagan(1992)计算过有机物从陨石、彗星、小行星和星际尘粒(IDP)进入地球大气的沉积速率。他们找到 40 亿年前 IDP 沉积有机物的速率，$R \leqslant 10^9$ kg·a，并推算出彗星、小行星、陨石的沉积率大于 IDP10 倍，地球的有机尘埃沉积总量在每次通过螺旋臂获得 6×10^{15}gm和 3×10^{16}gm，粗略估计为今天生物产量的 1%～10%。因此，在地球形成到生命发生的 10 亿年间，总共通过几次，已有足够的星际有机物作为原始生物建材播种到这个星球上来。同样结论适用于火星上，其播种量约为 1.0×10^{15}gm 和 5.4×10^{15}gm，所以，胚种论能够解释地球和火星上的生命起源有同时发生的事实。

2. 黏土、微气粒与生命起源

1983 年 7 月美国格拉斯哥(Glasgow)大学举办了一次黏土矿物质与生命起源(clay mineralis the origin life)专题科学研讨会。这次会议聚集了地质学、土壤学、矿物学、晶结学、地质化学、生物化学和化学等 40 多位学者参加，探讨了黏土矿物质在地球表面前寒武纪早期有机体生命出现中的作用，包括黏土结构的形成，黏土在早期地球和太阳系中的存在，黏土在碳氢化合

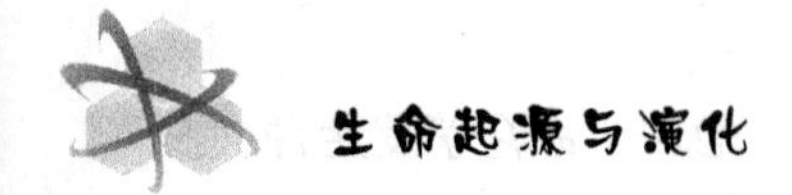

物和含氮化合物形成的催化作用和原始基因编码作用。目前已知与生命起源有关的矿物有磁铁矿、黄铁矿（FeS）和硅酸盐颗粒（橄榄石（Mg.Fe)$_2$SiO$_4$）。这里的黏土矿物可能来自宇宙尘埃在原始海洋的沉积。迄今每年落入地球的宇宙尘埃尚有300多吨，尘粒不到1毫米大小，大部由多层的铁、镍、钛、硅、铝、镁、氧化物组成，还有一部分尘粒由磁铁矿组成，这与地球的结构相似，他们还带有氨基酸成分。

2001年，据美国《气象协会通报》报道，由美国科罗拉多夫大学和英国牛津大学的NOAA合作研究组提出“生命起源可能始于微小气粒”(Origin of life on earth may have with tiny atmospheric droplets)的新理论。科学家认为由海洋表面波浪产生的空气溶胶粒（aerosol particles），外表凝聚有机物的大小水泡易在空气中爆炸，基粒小颗粒飘浮在空中几天、几月甚至更长。它们的内含物暴露在更广泛的温度、湿度和阳光下，通过蒸发，简单有机物浓度变得更高，或许偶然与其他颗粒相遇，并因带有痕量金属，所以进行化学反应。这样，各种结合反应有助于形成更复杂的而生命必需的有机分子，如蛋白质和核酸。在早期大气缺O_2和O_3时将有助于这些过程发生。

3. 热泉与生命起源

早在1980年J. Corliss等人就提出了“生命水热起源模式”，发现深海高温热泉水附近含有大量矿物与硫化物而形成了特有的嗜热、嗜硫细菌生物群落。随后，W. Borgeson等(2002)提出深海热液处的生命起源观点。因为，在那热泉附近存在早期生命之源的聚合物和自由能与其不同温度差的反应条件。根据星雨大撞击的时期，地球表面条件恶劣而地表深处环境稳定，并含有催化剂和自由能的微孔黏土环境，可能悄悄地演化着生命。现有的观察表明地层2000～3000米深处和深海热泉生存着甲烷、嗜铁和嗜热细菌而热泉口细菌能在383℉下形成。由此推测这类细菌是古老细菌的后代，而它们的祖先就在热泉口形成。

据最新研究，北美洲板块和亚欧大陆板块之间的分界处偏布断层、裂谷、火山和海底热泉地质活动非常频繁，因此也造就海底奇特世界。2011年5月间，英国摄影师马斯德斯（Alex Mustard）潜入了北美洲板块和亚欧大陆板块之间分界线。这里位于冰岛附近海域，他在80英尺深处拍摄了这些美丽的水下热泉照片（见前边图2-2）。马斯德斯说："很多人来冰岛欣赏这里独特的火山地貌，这些地貌同样存在于冰岛的海底。"从这里喷出的温泉温度高达80℃，而周边的海水仅有4℃。

四、天外生命探秘

1. 金星、火星生命探测

金星（Venus）与地球相邻，大小、质量与地球相仿，所得到的太阳辐射能相差并不悬殊。金星的大气几乎全部由CO_2组成，缺乏游离氧。没有氧和没有水，这对早期的化学演化威胁并不大。因为地球上的生命也是在无氧条件下形成的，星际空间形成的有机物也无水参加。但是，金星表面的温度太高，平均为485℃，大大降低了它具有生命发生的可能性。金星没有水，这是因为温度过高使水无法凝结，从而一直保持气态状。

金星和地球有太阳系的孪生姐妹之称，为什么内在气质则各不相同？英国伦敦大学生命科学院琼斯和皮克林对金星表面照片经过研究后提出了惊人的见解：金星与地球一样，是太阳系中蕴含生命的"双胞胎行星"，它曾充满巨大河流、海洋和丰富多态的生命，然而，一场剧烈火山爆发使金星生命遭遇了灭顶之灾，并完全改变了环境面貌。这只是一种有限的资料观察与分析，可靠性不大。

据2007年11月报道，欧洲航天局2005年发射的"金星快车"探测器捕捉到金星上空烟云（而不是云雾）。金星两极附近旋转的巨大云带类似于地球南北半球冬季出现的涡旋。有资料也显示出金星上可能存在过类似于地球的海洋，而今金星灼烧的表面已经留不住水。再者，金星不像地球一样拥有强大的磁场，致使阳光把水分分解为氢和氧，并很快消失大气中。如果是

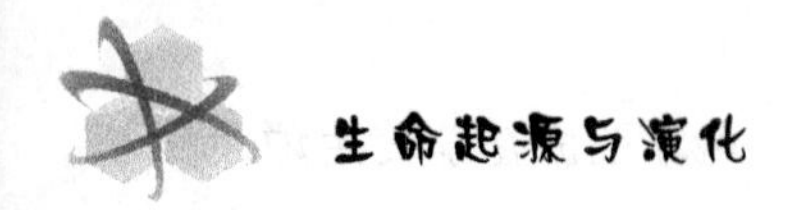

这样，那么金星形成时的原始时期水又怎样形成的？许多问题还需探讨。

火星(Mars)，一颗生命之星，在未揭开她的面纱之前，被一些天文学家和科幻小说家渲染过。火星与地球有许多相似之处，它有昼夜交替，只比地球多了37分钟，有四季变化，但要寒冷得多，且有两极似冰雪般极冠。火星环境能否繁殖生命呢？据考察，火星的早期环境条件跟地球的情况有些相像，有浅海洋与大气，生命完全可能存在过。后来由于火山大爆发、CO_2急增、浅海河流干涸，生命被毁了。

为了揭示火星的秘密，美国宇宙飞船多次登陆勘测。1976年，美海盗1号探测器拍下火星表面照片，在火山口和低谷地带，显示出一层薄雾，这似乎表明火星岩层有水气发生。1977年，火星“探路者号”登陆火星，发现许多鹅卵石存在，这说明火星曾有大水发生过，但不能确认有无生命发生过。2001年10月美国发射“奥德赛”火星探测器发现火星表面可能有冰冻水。2004年1月有“勇气号”发射登陆直到2007年5月由探索器找到一块高纯度的硅沉积物，由此推测它的形成类似于孕育微生物的环境。有理论认为这些硅产生于温泉中，火星当年存在过水域或水蒸气。截至目前，美国科学家探测火星的重大研究成果，已初步揭示火星地壳古老岩层中含有层状硅酸盐，这是一种黏土矿物，只有在有水条件下才能形成。据推测大约在38～46亿年前火星上有过海洋和众多河流。假如火星曾有原始生命，也在40亿年前发生，恰与地球生命演化相近，这些矿物就可能含有构成生命的某些化学成分，有待分析。关于火星北半球地层或两极含有大量干冰或水存在现象，美国本想由“凤凰号”飞船在2007年8月升空于2008年5月26日着陆带有许多仪器设备和挖土机，目的在于探测火星北极冰层与生命。可惜凤凰号登陆后，遇气温大幅度下降，沙尘暴四起，电池逐渐耗尽，导致无法在零下100℃的低温下启动工作。由此可见，人类对金星、火星探测付出了一定代价，但这仅仅是开始。

2. 银河系生命寻找之推算

从整个宇宙而言，人类毕竟还相当年轻。很多恒星都有远比太阳古老，在此之前，可能早有生命与文明存在，宇宙的年龄大约是150亿年，而地球最早出现生命的时间在38～40亿年前。可见从大爆炸的太阳系形成到地球上首次出现生命之间至少有100亿年的时间。很可能在银河系或其他星系中有某些行星系统比我们太阳系形成和冷却得早，如果生命在那里发生与演化，而今，这些古老生命星际将发展到怎样地步，却很难预料。

据天文天体观察，银河系中的恒星是在浓密的黑云中诞生的，黑云由尘埃和气体如 O_2 和 CO_2 构成，会产生微波辐射。一种颇有争议的新理论声称，整个宇宙可能就是个活体，黑洞可能萌发整个宇宙。根据物理学的一套模糊理论，形成黑洞物质能够创造生命形式，那可能与常规概念是不同的。所以，一些科学家推测宇宙的硅可能是一种生命形式出现。以水晶硅为基础的生命形成在没有空气的小行星上，把自己组成一个像硅集成电路一样的智能社会，它们能在太空的真空环境下繁殖生长，亦不怕致命的辐射。这种全新理论，在外星的环境中，或许生命和非生命之间根本没有明显限界。

当今，许多科学家都不相信生命唯地球所有，其观念类似于地球上的生命发生与演化。克里克也热衷于“星际胚种”说，甚至认为地球上的生命可能由外星人在10亿年前用宇宙飞船或其他方式拜访地球，并有意播种了微生物像蓝藻光合细菌，因为它在生命起源的早期阶段的突然出现而感到惊奇，这无法从化石演化上找到它的演化依据，按一般推算从原始生命演化至蓝藻需要10亿年。

克里克认为在银河系中，各种类型的星球总数估计有1000亿，即 10^{11} 个。通过推算，其中只要10万分之一的条件合适，还留有100万颗行星，如同地球表面上找到带有能孕育出生命的那种有机“汤”的海洋。鉴于星际分子由碳、氢、氧、氮、硅、硫6种元素组成与地球相近，只是磷与硅不同，它们大多也是构成生命的重要元素。所以，只要有了合适的温度和水，生命就能孕育出来，但是生命如何演化，目前还是无法预测与论证的。不管怎么样，首先寻找合适的生命活动星球是重要的一步。据最近有关报道，天文学家通过天文望远镜已发现一颗行星可能是地球生活的最佳候选地。这颗新行星与地球一样由岩石组成，有合适温度与水存在。它的质量大约为地球的4.5倍，围绕着一颗编号为GJ667C的恒星运转，距离地球22光年，这算是近邻了。

3. 外星人之谈

外星人的名词及其形象故事，在现代科普读物、科学幻想小说及其影视制作之中经常出现，已屡见不鲜。他们真的存在吗？还只是一个传说。火星人的传说是神奇的，他头大，躯体瘦小，眼睛突显，有如怪物，这与威尔逊的科幻小说有关，他先后出版过《生物居住的火星》和《星球间大战》等书，故事情节非常离奇，引人入胜。这些小说多少有些科学依据，在20世纪30～50年代，有些天文学家用天文望远镜研究火星地表的生命现象，提出了一个惊人的观点：火星上有运河之迹象和植物生长季节之景观。

这些究竟是怎么回事？20世纪60～70年代，美国和苏联发射了多艘火星飞船进行的考察否定了火星上存在高等生物的假说。所谓火星运河，不是高级生物构筑的灌溉系统而可能有过滚滚江河留下的痕迹。植物生长季节的颜色变化不存在，它可能是尘埃的季节变动。然而，1999年由火星环球探测器所拍摄的火星表面沟壑图像有明亮条痕，像似涌出的水流或是顺坡而下的尘埃，又曾挑起一场争论。

现代的飞碟(UFO)之谜，确实让人惊喜了一阵。早在中国古籍已有记载空中不明飞行物。近代，人们目击观察或军事追踪均时有发生。1947年夏天，美国飞行员肯尼思·阿诺德惊奇发现，有9个银色碟形飞行物以每小时200km的速度从华盛顿州喀斯特山脉上空掠过。一名记者给这飞行物取名为“飞碟”。从那以后，世界各地有数以千计的“不明飞行物”的目击报告。尽管人们经过大量细致的调查记录与拍摄图像，可至今仍然没有明确的解释。这里不排斥外星人的光顾，或无人驾飞，技术非常先进，已达到有形无形之状，或自行销毁。

4. 搜索外星人的科学行动

银河繁星，数亿万计，太阳周围1000光年距离内5000万颗恒星，每一颗恒星都可能拥有自己的生命现象存在的行星。太阳只是一颗非常普通的、处于成年期的中等恒星，它所处的位置是离银河系中心至边缘点三分之二的地方，但这里发的信号要4万年后才能到我们这儿。所以，要探索地外文明绝非一件容易的事。现在，大多数科学家认为对外星智能的探索，是一个值得重视的研究领域。

射电望远镜是目前最有效的外星智能探索器，因为，无线电波在太空中几乎畅通无阻。然而，地球人类对来自太空的信号已经监听了50年，但至今还没有听到过真正来自外星人的声音。有人认为外星人的外形跟我们地球人类肯定不一样的，而且思维也不同。如果外星人已进化到智能，就一定会设计尽可能容易破译的密码与人类交流。于是，第一批离开太阳系的航天探测器“先驱10号”和“先驱11号”都带有雕刻饰板。这些饰板揭示的信息包括我们地球的太空方位，太阳系的位置，以及人类男、女的体形图。

或许，我们在宇宙间探寻外星智能生命的过程中，一直存在一个误区。别的生命形式可能根本不像我们人类，其生命形式与思维差别太大，完全不能沟通，正如我们人类与地球上的其他动植物一样无法用语言及其他思维沟通的。这种可能性是极大的，但人类的科学在发展，寻找“外星人”的好奇心会继续下去，那是未来的事。我不禁对天长叹，宇宙浩渺，宇宙生命何在？生命之“卵”是否永恒！

第三章 达尔文进化论

在我们的科学史上，没有哪一个学说像达尔文进化论那样受到自然科学和社会学科的广泛重视，而且经历了长时间的激烈争论，褒贬不一，产生了极大影响。这主要原因在于它涉及生物科学和社会人类学最重大的命题，而且与西方具有很大影响的神学《圣经》教义相抵触有关。

达尔文进化论的基本论点：生物是进化来的，它从低等到高等；物种的变异、适应与遗传，通过自然选择，遵顺“生存竞争，优胜劣汰”的法则。达尔文进化论产生于18世纪的中叶，虽有其一定自然科学基础，但毕竟限于当时的科学水平，因此，许多方面的论据是不足的。然而，进化论的伟大思想一直受到广大科学者的捍卫。现代综合论者根据大量的化石、遗传学和分子生物学知识给予新的补充，修改并提出许多新证据与新观点。

当达尔文《物种起源》问世100周年和150周年(2009)之际，全世界生物科学和社会学者都将缅怀和讴歌这位科学巨匠对进化科学乃至整个生物学科的发展和对神学思想束缚的解放所作的不朽贡献。

第一节 进化论的先驱者拉马克及其他

达尔文是现代进化论的奠基人，但他的进化思想不是凭空产生的，而是建立在18世纪博物学的发展基础上的。同时，还有一批科学的进化思想家，如法国的布丰、拉马克，英国的圣提雷尔，达尔文的祖父等。其中，拉马克可视为进化论的先驱者，而拉马克又直接受到布丰的影响，都值得介绍。

一、布丰的进化思想

法国早期生物学家布丰(G. L. de Buffen，1707—1788)著有《博物学》等书。他认为地球是从太阳分离出来的，有它自己的发展历史，而生物在地球上发生与发展，也有自己的历史。布丰反对林奈物种不变的观点，他主张动物和植物能够在气候、土壤、营养以及器官使用程度的影响下发生变化，它们也能够在人类驯化和栽培条件下发生变化。他肯定了环境的直接影响能够引起生物的变异，而这种变异通过适应达到进化。

布丰在他的著作中写道：解剖猿体，我们能够把它的构造与人体相比，从人到猿，再从猿到四足兽、鲸、鸟类、爬行类彼此也有相似性。如果我们愿意扩大比较范围，从动物到植物可以看到一个图案，如从爬行类到昆虫类，从昆虫类到蠕虫类，再到植物，逐步向前推移，它们之间的最初差异是微小的。很显然，布丰关于生命的连续性的材料是很粗糙的，但观点是可取的。这些思想观点对拉马克产生了很大影响，成为拉马克的进化论的一部分。布丰与拉马克虽是同时代人，但布丰比拉马克年长，可视为老前辈。有趣的是在拉马克成名之后却被布丰聘请作为他儿子的植物学指导老师。在此值得一提的是，总觉得遗憾，布丰的新思想、新观点是跟当时的统治思想和观点是不相容的，是跟圣经的教义相违背的。因此，布丰受到了当代统治者的迫害，迫使他后来公开背弃了自己的进步思想。他在自己的书上写道："我声明，我没有任何反对圣经的企图，我是信仰圣经上所说的关于神创造世界的事实。"这个公开声明，说明当时神学权威统治下，追求科学真理的艰难。

二、拉马克的时代与生平

1.拉马克时代

拉马克生于法国资产阶级革命时代，那是法国由封建制度向资本主义过度的时代。1789 年法国爆发了一场大革命，推翻了法国的君主专制政体制，建立资产阶级政权的法兰西共和国。当时，法国涌现出一批启蒙运动思想家，如孟德斯鸠、伏尔泰、卢梭和狄德罗等，提出天赋人权、平等自由、君主立宪等思想，为大革命爆发准备了条件。因此，在资产阶级夺取政权之后，发表了有影响的《人权宣言》，促进了资本主义经济发展和人权的思想解放。

拉马克时代也正处于现代自然科学发展时代，如牛顿力学的建立和蒸汽机的发明标志着近代科学技术的形成。在生物学领域，即当时谓之博物学新兴出现，已在动物、植物分类学，胚胎学，解剖学，古生物等方面的研究都取得进展，表明了物种的多样性和可变性，与神学物种不变思想发生了冲突。这可视为科学产生进化论的前夜，只有少数有学识的科学家，才能用敏锐眼光看到问题而又大胆提出。所以，当人类在进入 18 世纪和 19 世纪新旧交替之时，第一个比较系统地提出生物进化论的人就是法国大生物学家拉马克。

2.拉马克生平

拉马克(J. B. Lamarck，1744—1829)出生于索姆州毕伽底的一个破落贵族家庭。幼时就读于教会学校，按照父亲的计划，他将来应做个僧侣，过着体面而平静的生活。17 岁时，正值七年普法战争末期，父亲死了，他去从军服役。拉马克退役后，进大学学医，但对博物学课程比较感兴趣。这时他结识了卢梭，受其思想影响转向研究植物学，并在皇家植物园标本馆任职。

1778 年拉马克出版了成名之作《法国植物》。1779 年，拉马克被布丰聘请去辅导他的儿子，随后，他带小布丰出国旅行，并采集了德国、匈牙利和荷兰等国家的植物标本，又与各国著名学者交谈，扩大了拉马克的科学视野。

这或许是布丰在帮助着他的成长，而且布丰的生物进化思想也对拉马克产生了直接影响。

1783年，拉马克被法国政府任命为科学院院士，为《系统百科全书》撰写植物部分，并担任皇家植物园标本室主任。在这期间，法国政府接受拉马克建议，把皇家植物园和有关机构合并成立法国博物馆，并在馆里开设许多科学讲座。当时由于无脊椎动物讲座缺乏人选，故推选拉马克担任。拉马克自50岁开始，从植物分类学转为无脊椎动物学研究，要开辟新领域。他以他的天赋与勤奋广泛地研究了无脊椎动物的形态和分类，经过7年的努力，终于完成了《无脊椎动物分类志》(1801)，又于1815年完成了《无脊椎动物志》七大卷，这已成为19世纪动物学的重要著作。1809年，拉马克出版了他的巨著《动物学哲学》，提出了有机界发生和系统进化学说。

拉马克对近代生物学的贡献是多方面的，他首先提出"无脊椎动物"一词，建立起无脊椎动物学，以10纲分类，视为无脊椎动物学奠基人。拉马克也是首次明确把动物分为脊椎动物和无脊椎动物两大类(1794)，而且是现代博物标本采集原理与方法的创始人之一。当然，他是现代生物进化论的先驱。图3-1为拉马克像。

图3-1 拉马克

然而，拉马克的一生遭到许多不幸，他几次结婚，妻子早逝，子女多，家庭负担重。他的进化思想一直遭到当时身居要职的居维叶的反对。拉马克晚年双目失明，仍坚持工作，借助女儿笔录，把毕生精力献给生物科学，终于成为一位杰出的生物学巨匠和进化论的创始者。

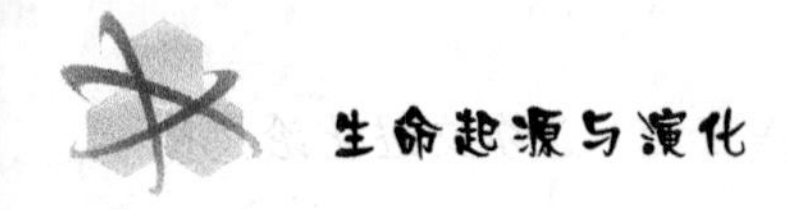

拉马克逝世后，未能得到应有的待遇，只是被埋葬在一个普通的墓地里。直到1909年，当人们在纪念他的著名《动物学哲学》出版100周年之际，巴黎植物学会为他建立了纪念碑和铜像，让人们永远缅怀这位伟大的进化论的创导者和先驱。他的铜像下方刻着几句拉马克在世时女儿罗莎常用来安慰父亲的话："您未成的事业，后人总会替你继续的；您已成就的功绩，后世也总该有人赞美吧，爸爸！"

三、拉马克学说的基本要点

拉马克的进化论思想，后人称之于拉马克学说。我国生物学家方崇熙曾撰著《拉马克学说》一书(1955)作过介绍。当时我国学者对拉马克的"获得性遗传法则"颇有争议而对"内在向上发展动力观"持否定态度。本书将给予肯定的全面阐述。

1. 生物进化的等级观念

拉马克在他的《动物的哲学》中写道："如果自然是逐渐地产生出它的产物，那么，我们有理由推想，自然不论在动物界或植物界中，作为产物的开端当然只是简单的生物，体制最复杂的生物是最后才造成的。"拉马克制作一张生物从低级向高级的发生图来表示，亦可视为动物系统树。他认为动物界有两个不同起源，分别从滴虫和蠕虫开始，向放射虫类、水螅类、环虫、蔓脚虫类、软体动物和昆虫类、蜘蛛类、甲壳类进化。无脊椎动物向有脊椎动物进化，先有鱼类、两栖类、爬行类，再分别向鸟类和哺乳动物发展。人类则起源于某种类人猿，而处于最高级的一类。

拉马克重视生物类群的划分，即等级观念，他否认物种的真实性，因为它是在连续不断变化的，但在讨论生物群类时还是认为物种的相对稳定性的存在，这就有别于林奈物种独立不变论。拉马克认为生物经过漫长时间所产生的一切动物和植物，从简单到复杂构成了连续的阶梯式的上升现象，即形成了真实的生物等级。他把动物(无脊椎和有脊椎动物)划分成14纲，又根据这些纲的形态结构和活动能力的相似性程度划分成六个等级（相当于门），尽管这些分类不够准确，但已显示出他的进化思想和分类观念。

所以，拉马克写着："我们可以确信地说，生物的每一个界存在着一种统一的多阶级的序列，在这序列上按照有机体系列复杂的程度配列着各个主要类群，并按照各种物体的关系安置着各种物体（即物种）。这个序列无论动物界或植物界都从简单的生物起源，到最完备的生物为止。"

2. 拉马克学说的内在向上倾向动力

拉马克学说的进化动力有两种：一种是生物天生地具有向上发展的内在倾向，另一种是环境对生物的影响，这就产生了著名的"用进废退"和"获得性遗传"法则。现在我们要问的是：生物这种内在向上发展倾向是怎样来的呢？拉马克认为，这是最高造物主赐予的，即最高造物主赋予自然以形成逐步向上发展的动力。我们怎样理解拉马克在著作中所提到的造物者，它是一种神奇的伟大的自然力量或是上帝旨意？所以，有人认为拉马克这种目的论，自然神秘的生物等级理论表现了他的哲学观是二元的。这是否与当时的哲学思想与社会环境有关？但从拉马克学说全部内容和观点看，应该说拉马克的造物主跟圣经宗教上所讲的造物主是有本质区别的，而且可以成为我们今天探讨生物进化的一种内在动力的创导者。

依拉马克看来，生物生来就有一种内在的冲动、内在的要求，以达到体质的完善化。这就是说，生物体制的完善化是由生物内部追求完善化的结果，譬如孔雀开屏则是性选择的一种产物，也有内在的生物意识作用。过去，人们把目的论视为一种唯心主义。关于拉马克的生物天生的内在进化动力观本书给予支持，提出了应有的探讨。

3. "用进废退"和"获得性遗传"法则

对于生物适应环境的演化机制，达尔文提出了自然选择学说，而拉马克提出"用进废退"和"获得性遗传"两条重要法则。拉马克认为环境对生物进化的影响以两种方式表现出来。一种是对于植物和低等动物而言，环境条件能给予直接影响，首先引起生理机能的相应改变，然后由机能的改变引起形态构造的相应改变。另一种是对于高等动物而言，外界条件的变化会引起行为、习性的改变，使某些器官加强活动而得到发展，若器官减少活动而趋于退化。这就是“用进废退”之表现。

拉马克认为某种生物由于受到环境条件的影响而发生的适应变异叫获得性，它可以在后代中加强和遗传，叫获得性遗传。例如，长颈鹿原先生长在非洲干旱地区，那里青草很少，只好吃树上的叶子，低的叶子吃光了又吃高的叶子，因而不得不用力伸长颈部，伸长肢体，经过许多世代适应，长颈鹿朝同一方向发展，最后形成为现代的长颈鹿。这些就是拉马克“获得性遗传”和“用进废退”的典型例子。图 3-2 为长颈鹿。

图 3-2 长颈鹿

拉马克以获得性遗传为基础的进化论主张生物进化，物种可变，环境影响遗传，从当时的科学水平对生物的发展作出了科学的解释。达尔文接受了环境的主导作用和获得性遗传的理论，并在此基础上提出了更具高度和概括的自然选择学说。然而，在 19 世纪后期至 20 世纪前半期所产生的新拉马克主义和新达尔文主义对获得性遗传法则是否正确引起激烈争论，各派只强调了环境因子与遗传因子，否定对方，现在看来都是片面的。

四、拉马克学说之争

拉马克是近代生物进化论的先驱。他的进化论观点包括用进废退、获得性遗传和天赋向上发展动力三大法则。这些论点长期以来有过许多争论或被否定、搁置。

1. 用进废退法则

拉马克在研究动物习性和器官的相互关系中，得出一条重要法则，即“用进废退”法则。他认为在不超越其发展界限的每一动物中，任何器官比较频繁持续地使用会逐渐增强这个器官，使它发达起来、扩大起来。例如，长颈鹿的长颈长腿，食肉兽的快速奔跑等。相反地，任何器官经常不用会逐渐衰弱、萎缩，能力越来越少，最后导致它的消失。例如，鼹鼠洞穴生活眼睛变小、视力退化，某些昆虫翅膀消失等。

用进废退现象在动物界是普遍存在的，前面已经提及。在我们日常生活中都有体会，只要经常保持锻炼的人，肌肉比较发达，体操与举重运动员的三角肌特别发达。这种个体机能的当代见效是不会遗传的，但在自然界经长期产生的物种机能就能遗传。一种科普的“生长与效应定律”就是如此。某种器官如果在一新环境中变得更加有用，那么它的生长在每个世代中将会促进，从而能更好地适应环境。这显然和拉马克的观点非常吻合。用进废退的世代结果就成为获得性遗传的续语。有人认为“用进废退”法则无多少普遍性，并不能产生新种，在生物进化上不起作用。这是另一码事，但不能否定用进废退的许多事实。

2. 获得性遗传

环境对生物适应变异和获得性遗传是拉马克进化论的核心所在，这与达尔文的自然选择是违背或是相一致，曾是各流派的争论焦点。

20 世纪初期，美国动物学家帕卡德（A. S. Packard）作为拉马克学说的代表，抛弃了生物进化的内素，强调生物在环境作用下能定向地变异，获得性能够遗传，这种观点称为新拉马克学说。新学说只强调“纵向”，定向的进化动力和获得性遗传的作用而是用来反对达尔文的广泛性的自然选择学说。随后，西方的另一派新拉马克主义，求助于智力，成为优生学的理论基础，他们主张某一世代的阅历或名人可以传递给下一代而成为它的遗传一部分。在遗传物质本质没有搞清楚之前，这些新拉马克主义对适应现象的解释定比偶然变异或选择的随意过程来解释使人满意。只有当基因突变与重组是进化遗传物质基础及软式遗传被否定后，许多年轻的新拉马克主义者很快转向达尔文主义者。

然而，在20世纪30—50年代，新拉马克主义在苏联兴起，以李森科为首的新拉马克主义，亦叫创造性达尔文主义或米邱林学说，打着拉马克获得性遗传的理论，宣传环境决定生物变异而用来反对摩尔根的基因遗传学。这场所谓米邱林学派和摩尔根学派之争也影响到了中国。笔者当时在北京大学生物系读书，情况甚为清楚。当时中国与苏联的遗传学家受到打击、排斥，而以米邱林的育种遗传学来代替普通遗传学。1956年青岛遗传学会议为贯彻双百方针，北大的遗传学课程分为米邱林遗传学和摩尔根遗传学，二门可以同时开讲。我们同学都去听了，当时只觉得米邱林遗传学太概念化，没有内容，还要攻击别人；而摩尔根遗传学有实质性内容，能接受。我们的李汝棋老师，是留美的摩尔根弟子，首当其冲，只有接受批判。李老师曾争辩地告诉我们："细胞核中染色体基因是遗传物质，基因是相当稳定，但不是一任不变的，否则，物种怎么会变异，会进化；他们硬说基因不变论是形而上学的，是反动的，很难接受。"这场学术之争带有强烈的政治色彩，当时，我国处于一边倒的政治状态。米邱林学派的李森科是全苏农科院院长，他是完全否定基因存在与作用的，以夸大获得性遗传的作用，还要用行政手段来打击摩尔根学派。

时至今日，现代分子遗传学的发展，明确了基因在遗传中的地位，也肯定了种群基因突变在自然选择的作用。我认为拉马克的获得性遗传，从环境诱导的形态变异到生理机能的变化的观点是正确的，因为达尔文的进化论新种的产生就是通过环境的影响产生变异逐步积累的，两者都属于渐变论，但不排斥局部的未知突变。只不过拉马克只强调定向的、纵向进化，而忽视了多样性、辐射性自然选择的广泛性作用。当我们否定了李森科学派的别有用心，夸大环境对物种的遗传变异的作用来反对基因遗传学，但也不能不加分析地认为拉马克学说的基本论点也是错误的。

我不得不郑重地指出，现在有些生物学著作还不承认拉马克“获得性遗传“重大法则，只强调基因决定作用。那么试问达尔文进化论的环境适应遗传—变异和自然选择学说又如何产生新物种呢？这实际上是许多学派把人们的思想搞糊涂了，更不能用被割老鼠尾巴或老子做学问让儿子来遗传的事例否定获得性遗传所吓唬，至今还清醒不过来。

3. 进化内在的动力

生物进化有没有方向，有没有内在动力？回顾历史，生物进化的内在动力论最先还是由拉马克提出来的。他在《动物学的哲学》(1809)著作中明确提到生物进化的动力有两种：一种是生物有向上发展的内在倾向，表现为等级现象，另一种是环境对生物的影响。这就是内因和外因的相互作用的动力。我认为拉马克也会提到造物主的作用，若结合他的整个论述，这种造物主绝不是简单的人形上帝而是最高的自然力量。可是，过去人们容易把主动进化归结于形而上学的目的论、神创论，也就扼杀了这种思想的生物进化的探讨。

早在19世纪末，古生物学家Edwanl Cope的《生物进化动力》一书就提出了生物进化是由于生物内在生长力和原始意志的观点，试图从生物生长发育过程来探讨内在动力。这一学派的Eimer也认为生物的进化其本身并不是完全被动的，生物有自己的特性，环境的影响和生物本身的内在因素结合，才使生物生长适应环境的改变，导致生物进化。这种内在因素是什么？何谓生长力和原始意识都没有进一步探讨。

达尔文进化论的自然选择学说，只解释了生物进化的适应、变异、选择的外部动力，却无法回答生物的内在动力。近些年，我国学者郝瑞等在《维思的生物》一书中明确提出“生物的进化都是生物自决定的”，并且有着“向上进取的生存意识才是生物进化的动力”。按照这样的观点，各种进化现象都可以得到解释。这就是过去被否定的目的论，能否被传统的生物学界所接受还未知。郝瑞认为：“自我保护是一切生物的共性，生物的自我保护意识也是自决的，才是促进进化的内在动力。”又如“性爱就是生物在一定时期对异性强烈的追求的一种欲望。生物如果缺少这种动力，就不能发生两性结合，也就不会有种的繁殖”。这些过去视为本能的现象已被解释为自我决定、主动行为了。刘平的《生物主动进化论》一书更加明确地阐述了生物主动进化的观点。但又提及生物主动进化“不是指生物具有天生向高级进化的倾向，而是强调当环境不适应生存时，生物就会主动寻求进化以适应环境”。这样的否定与肯定的绕道，是否也有避讳拉马克观点。我对拉马克的生物向上进化动力观，开始也不敢接受，现在感到如果不承认，你就无法再讨论生物进化的事实。

第二节　达尔文进化论

1859 年，达尔文发表划时代巨作——《物种起源》(The Origin of Species by Means of Natural Selection)，震惊科学界并对西方神学统治思想产生了极大的冲击。达尔文进化论的基本思想阐述了生物是进化来的而不是上帝创造的；生物进化从低等到高等直至人类，并提出了以自然选择、生存竞争和优胜劣汰为基础的进化学说。达尔文进化论限于当时科学水平，仍存在有许多不足之处需要后人去修正与补充。一个多世纪以来，达尔文进化论经过各种流派的斗争，终于得到考验与发展，以现代综合理论的进化论为主流的达尔文进化论，坚持了自然选择学说，修正不足之处，容纳更多的进化观点。

一、达尔文的生平

1. 家世与少年时代

查理斯·达尔文(Charles Darwin，1809—1882)于 1809 年 2 月 12 日出

生英格兰西部的什鲁兹巴利小镇，现改称为塞洛普(Salop)镇。达尔文的家世是属于自由主义思想的中产阶级，家庭成员信奉基督教。

达尔文的父亲是个医生，由于医术高明、工作踏实而且人品高尚赢得了镇上人们的尊重，也给少年达尔文留下良好影响。达尔文母亲在他 8 岁时去世，留下兄弟姐妹 6 人。达尔文祖父伊拉马斯·达尔文(Erasmas Darwin，1731—1820)也是一位医生，但他热衷于植物学研究并著有《植物学》、《动物生命论》和《自然的殿堂》。达尔文祖父是一个进化论者，他认为原始生命是从无生物中产生出来，并在漫长年月的演变中变成高等生物。环境变化时，生物能自动地向适应方向发展，并能把变化遗传给子孙，逐渐变成不同的物种。据达尔文自传提到他年少时读过祖父的《动物生命论》，十分喜爱。可见，祖父的进化思想对达尔文产生过影响。

达尔文 8 岁时入当地小学，随后进巴特勒学校。从中学开始，达尔文对采集矿物、昆虫、植物等标本和捕捉鸟类非常喜欢。这些爱好直至大学时代并与之结下终生的博物学研究，成为当代伟大的生物学家和进化论的奠基人。

2. 爱丁堡大学

1825 年 10 月，16 岁的达尔文遵从父亲的旨意提前离开家乡中学跟随他的哥哥来到爱丁堡大学上学，攻读医科专业。但是达尔文对医学课程感到枯燥无味，只读了两年就离校转到了剑桥大学。不少达尔文传记认为，爱丁堡时期对达尔文来说，是近于荒芜岁月，可是现代科学史学家斯隆的研究则认为，爱丁堡大学对达尔文来说是一个非常重要的阶段，为达尔文后来成为博物学家奠定了最初基础。因为，爱丁堡大学是海洋生物学的研究中心，达尔文对无脊椎动物选修课产生兴趣，并在年轻教师格兰特指导下对当时的“植虫”水螅、珊瑚进行了观察与研究，颇有心得，使之日后在环球旅行中派上了大用场。这位年轻教师后来成为无脊椎动物的分类和发生学的先驱者之一。

达尔文父亲在知道达尔文对学习医学毫无兴趣之后，又安排他到剑桥大学基督教学院读书。让孩子学医当医生或学神学当牧师、当教师，这是当时英国中产阶级自由职业者最为普遍的一种想法。达尔文在剑桥大学过着自由、优裕、快乐的生活，他对学校规定课程：古典、神学、数学仍然不感兴趣，但能努力应付考试。但是，达尔文对打鸟、打猎和捕捉昆虫的活动有浓厚的兴趣，在他采集的标本中竟有被列入斯蒂芬编辑的《大不列颠昆虫图解》一书中，由此可见他的昆虫标本制作水平之高。

值得指出，达尔文在剑桥大学的自由爱好的学习方法，使他结交了一些著名教授，使他终生受益。汉斯罗（John Stevens Henslow 1796—1861）是一位知识渊博的博物学家，后来成为忘年交的恩师。他在1830年的笔记中写道："汉斯罗是我的导师，他是一个最可佩服的导师，同他在一起的那时是我全天最愉快的一段时间。"由于达尔文经常与汉斯罗一起散步，参与老师的家庭晚会，于是也结识了哲学家休厄尔、动物学家詹宁斯、地质学家莱伊尔，对他的思想与学识都产生过影响。

达尔文在剑桥接受了两年的神学教育，他对宗教信仰尚未确立，却对当时流行的自然神学颇有兴趣。自然神学主张把科学的规律法则引入基督教的基础当中去，认为唯有发现自然规律才能发现神的意志的伟大。笔者认为，我们对于具有广泛基础的基督教信仰不便多说，但在进化论领域中所及的反对者是要反驳的。

达尔文在剑桥的最后一年里读了德国著名植物学家、旅行家洪堡的《南美旅行记》和赫谢尔的《关于自然哲学研究》两本书，感动至深。所以，他在《自传》中写道："没有一本或一打的其他书籍能够像这两本书那样，给我那么重要的作用。"《南美旅行记》所描写的美洲大自然的宏伟、壮观的景象，深深打动了年轻的达尔文的心，这与他后来决心搭乘"贝格尔"军舰畅游世界是有密切联系的。赫谢尔是英国物理学家，他的《关于自然哲学研究》一书与其说是自然哲学不如讲科学方法论。它基于培根思想对牛顿的体系做了精彩的讲解。达尔文读完后激情满怀，立志将来要做“生物学中的牛顿”。

3. 最大的机遇与挑战

1831年上半年，达尔文通过了毕业考试，获得神学位，老师汉斯罗为了把达尔文培养成一位真正的博物学者而建议他重新学习地质学。恰巧，同年8月，著名地质学家、剑桥大学教授塞治威克（Adam Sedgwick 1785—1873）要对北威尔士的古岩层进行地质学考察，经汉斯罗推荐，他同意带达尔文一起去。塞治威克是自然神学的信奉者，但他不主张以《圣经》的记述为基础来研究。这虽是一次实习，但达尔文在塞治威克指导下，获得了很好的地质学考察知识与方法。

同年考察回来，达尔文恩师汉斯罗又推荐他到英国“贝格尔”号军舰进行环球旅行的地质考察。贝格尔是隶属于英国海军军部的一艘科学考测的测量船，实是木造的帆船，242吨位，船长约30米，宽约9米，有3根桅杆，却备有7门大炮，装有22台经纬仪。因为，它装有大炮属海军编制，故叫军舰。

1831年12月，“贝格尔”号出航任务，主要对南美洲大陆及海岸附属岛屿进行航海路线的测量和各地自然资源的考察，以开拓殖民地市场。达尔文能踏上贝格尔号参加考察成就了他一番事业，但并非肩负重大任务而为之。据知“贝格尔”号费兹・罗艾舰长是位优秀的海军军官，他要找一个上流社会出身，具有文化素养和他谈得来的博物学者作伴同行，以解脱漫长航海途中的孤独。对于达尔文而言，愿意搭乘“贝格尔”号军舰远航，绝非为了给舰长作伴而是实现自己的理想，去开阔视野，增长博物学知识。

因为达尔文是自费旅行的，所以，舰每到海港，达尔文都可以自由地登岸从事博物学研究。作为一位刚毕业不久的大学生能独自在野外考察，以敏锐的眼光观察与记录，为他的伟大事业奠定了基础。这不是奇才与天才又是什么？达尔文在长达5年的考察过程中，与舰长相处得很好。1859年达尔文的《物种起源》发表后，费兹・罗艾非常严厉地批评了达尔文。但是，达尔文感念船长给了他搭乘"贝格尔"号的机会，从而得以完成伟大的进化论事业，故始终对费兹·罗艾船长怀有感激之情。

4. 环球航行中的考察

达尔文航行考察第一站是圣地亚哥岛，发现整个岛曾发生过隆起和局部下沉的情况，使岩层变质，掌握到第一手资料，并在船上查阅伊莱尔的《地质学原理》进行思考。伊莱尔认为地球具有非常古老的地质史，地球表面会不断发生缓慢的变化，这对达尔文后来提出物种缓慢演变的学说起到了很大的影响。达尔文在航海中观察不同地域生物的各种变化，大量的考察资料和思考都收集到《贝格尔号舰环球航行记》中，对物种变异与自然选择的进化思想奠定了基础。例如，在南美洲潘帕斯草原找到了不少灭绝了的四足兽的遗骸却存在大犰狳，由此确立"类型相继出现"的法则。在南美洲东海岸自北向南行驶过程中，达尔文发现物种随着纬度变化而逐渐更替的情况，但相邻地域的物种既有共性，又出现差异性。这些都使他发生疑惑，只有承认生物是可变的和可进化的事实才能合理加以解释。

达尔文对加拉帕戈斯群岛的考察，材料极其丰富，意义尤为重要。加拉帕戈斯群岛位于太平洋中的赤道线上，由 16 个大小岛屿和无数岩礁组成，均为火山岩，陆地面积约 7770 平方公里，属于南美厄瓜多尔领土(图 3-3)。这个群岛从未与南美大陆发生连接过，地质学上是很年轻的。达尔文在岛上停留了 35 天，因此实地观察很仔细。他在《日记》中写道："这个群岛大多数生物都是当地特有的，在任何其他地方都没有遇见过它们，而且各个不同岛屿上的生物也各有差异。虽然，这些岛屿与南美大陆之间相隔了 500～600 英里海面，但它们的全部生物和大陆上的生物有明显的亲缘关系。"加拉帕戈斯群岛栖息着大量的海龟和地雀，还有海驴、鬣蜥、画眉、企鹅、鲣鸟、鹧鸪、燕雀、昆虫及许多植物，如仙人掌等都具有海岛的生存习性。达尔文在这群岛上一共采集到 26 种鸟，其中燕雀 13 种，占岛上鸟类的一半，后经鉴定被命名为达尔文燕雀，分为 4 个属 14 个种。这就是地理隔离对物种形成的作用，岛上物种的辐射适应也是达尔文进化论的一种依据。

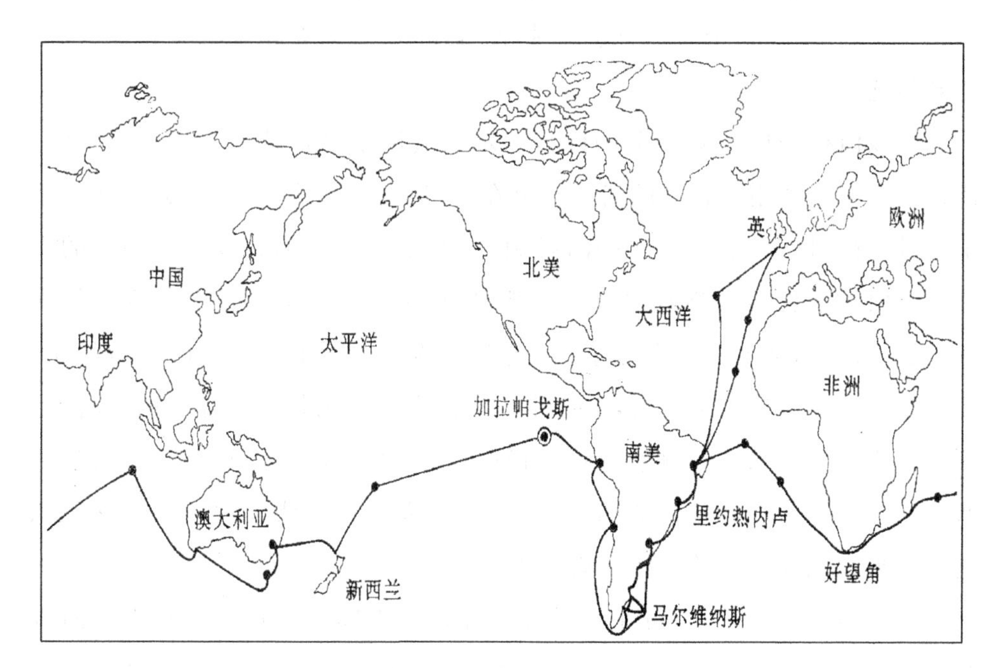

图 3-3　达尔文乘贝格尔号的航程

二、《物种起源》与自然选择学说

1. 达尔文的《物种起源》问世

达尔文乘英国皇家“贝格尔”号经历五年的南美航海考察归来，奠定了他的进化思想。正如他在《物种起源》一书的绪论中所写的：“1837 年回国后，数年的研究成果和考察日记促使我不得不直面多年困扰博物学者们的问题：物种是怎样起源的？这项艰苦的工作，直到 1844 年才告一段落。”这就是说，达尔文的《物种起源》进化思想理论体系在 1844 年已经形成，他为什么不立即出版此书呢？这里有多种猜测，将留在后边回答。

达尔文航海归来，以极大热情投入物种变异和进化问题的研究与思考。首先整理航海日记将原始考察资料收集在《贝格尔号舰环球航行记》中。他

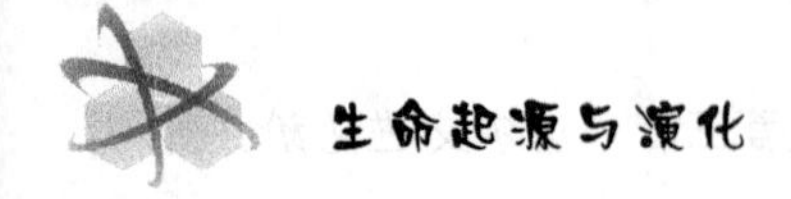

把采集的动物标本送给专家鉴定、查阅有关书籍资料，开始书写进化论的提纲和有关内容，并积极参加社会学术活动，还亲自饲养和观察家鸡、家鸽的变异与选育。

应该值得一提，1838年9月间，达尔文阅读了马尔萨斯《人口论》，马上认识到它多么适用于自己的研究。早在20世纪五六十年代，国人在介绍达尔文进化论时讳忌受《人口论》的影响，视此书是反动的。该书所阐述的人口为几何级增长和食物有限算术级增加之间的矛盾而引起生存斗争的观点，无疑对达尔文形成生存斗争、自然选择的理论产生了重要的启示作用。无论是生物界或是人类社会，大自然的生存竞争法则是普遍存在的，我们不该回避或追问达尔文的自然选择学说受到谁的影响。从今天来看，马尔萨斯的《人口论》是一部有价值的名著，值得研究。一个伟大的理论或学说总是善于吸收别人有用的东西为集大成者。

1859年，达尔文的《物种起源》巨著问世，立即震惊科学界和当时西方社会。《物种起源》的基本观点：生物是进化来的，它由低等到高等直至人类。物种的进化动力来自变异、遗传与选择，由此提出了自然选择学说。进化论被恩格斯高度评论为“19世纪自然科学三大发现之一”，影响了几代人，至今还在发生影响，《物种起源》将成为人类进步的不朽之作。因为，达尔文进化论已对整个生物学科的发展和对神学思想束缚的解放思想发挥了巨大的作用。

达尔文《物种起源》(1859)的发表标志着达尔文进化论的产生。它首先对当时科学界产生了思想影响，因为，大部分科学家都信奉上帝，主张自然神学观，例如，牛顿、林奈即是。林奈分类学家创立了分类双名法，他认为物种是不变的，直到晚年受达尔文进化论的影响而得到改变。古老的分类学，在19世纪后期和20世纪前半期用生物进化思想对纷繁的生物界进行分类理序，从低等到高等，建立起进化系统分类学，取得极其光辉的成就。进化论的捍卫者利用分类学和遗传学的研究资料，又深入探讨了达尔文进化论论据不足而给予修正与补充。

与此同时,《物种起源》问世,极大冲击了宗教的神创论思想观点。致使当时英国天主教教主大为愤怒。因此,1860 年,牛津自然博物馆举行了一次别开生面的神创论向进化论挑战的辩论会。达尔文没有参加,由达尔文的好友进化论的最有力支持者赫胥黎(T. H. Huxley,1823—1895)应战。赫胥黎以其雄辩之才捍卫了达尔文进化论,气得牛津大学主教 Wilberfore 对赫胥黎进行了蛮横的人身攻击:“请问你从祖母一支还是祖父一支的猴子变来的?”赫胥黎回敬道:“我宁愿来自猴子而不愿来自以文化和口才服务于偏见和谎言的文化人。”全场报以哄笑鼓掌而结束。

2. 自然选择学说

达尔文的《物种起源》的基本要义是阐述物种如何演变的自然选择法则。进化论的核心思想还在于提出了自然选择学说。这种思想源于南美的地质和动植物科学考察,并非是一种逻辑推理之作。达尔文在绪论中写道:“对于物种起源,任何一位博学者对生物的相互亲缘、胚胎关系、地理分布和地质演替等进行研究,都会得出相同的结论:物种并非像某些人所说的那样是被独立创造出来的,而是如同变种一样,都是从其他物种遗传下来。”这段话已经清晰地解释了物种之演化观点。

达尔文的论著以严谨的科学态度,首先介绍了“家养情况下变异和自然状况下的变异”,而引出生物变异的普遍性,更强调了杂交和杂种的变异及有关变异法则,以推翻物种神创论的不变观点。物种变异,只有通过遗传和选择,逐步将有利的变异遗传给下一代,由量变到质变而产生变种和新种,特别在南美的加帕戈斯群岛的隔离情况下产生得到有力的证据。达尔文在变异法则中提到环境变化对个体的变化或生殖系统产生的子代变异,不管哪种变异都包含着自然选择作用。根据自然选择学说,“旧类型”的灭绝与新类型的产生有密切关系。所以,达尔文也强调对化石的发掘作用,他意识到地质史上所有的物种几乎同时发生变化的情况。这是对生物大灭绝和大进化的一种思想观念。

达尔文在《物种起源》著作中对生物本能有过许多论述，譬如蜜蜂筑巢和采花蜜是一种本能。尺蠖的拟态也是一种本能。他认为："自然选择把本能的变异保存下来，并积累到有利的程度是没有难处的。我相信，一切复杂、奇异的本能就是这样起源的，经常使用或某种习性引起机体构造的变异，在这过程中它们得以增强；反之，如果不使用它们就会缩小或消失。我不怀疑，本能也是这样形成的。"

关于自然界的生存竞争观念在《物种起源》一书中有着更深入的论述。他认为："两只狗类动物在饥饿时可以相互抓咬，但确切地说，它们为了获得食物和生存而互相竞争。""生长在沙漠边缘的一株植物为了生存而抵抗干燥，但确切地说，它是依存于水分的。"再者，关于食肉动物与食肉动物及食草动物与食草动物之间的为争食的生存斗争，以及植物种群之间为争夺生存空间的斗争都是非常激烈的。所有这些错综复杂的自然生存法则都是基于遗传、变异与选择三因子的相互作用，成为生物进化的动力。达尔文的自然选择学说核心思想就是生存斗争，优胜劣汰。

就进化论的自然选择学说而言，有人反对太笼统，不能解释所有问题，有人感到太激烈，因为生物还有相互依存的一面。但是，我认为达尔文的自然选择学说尽管还存在一些问题，但从目前的各种反对或是修正观点来看，唯有自然选择学说，是最具包容性、公正性和科学性的总结，也经得起时间的考验，这愈加闪射出科学智慧的光辉！图3-4为达尔文晚年像。

图3-4　达尔文

三、华莱士和达尔文进化论

达尔文是伟大的进化论创立者，但与达尔文同时代的华莱士也是一位杰出的进化论学者，我们不应忘却，他们之间的交往有着戏剧性一幕，值得提出。

1. 华莱士生平业绩

华莱士（A. H. Wallace，1823—1913）出生于英国的威尔士蒙默斯群乌斯克镇，比达尔文小 14 岁。曾两次乘船到世界的许多地方进行生物和地理考察，走过了和达尔文相似的科学之路，并独立提出了与之相似的生物进化自然选择观点。

华莱士由于家境贫困没有上过大学，中学毕业后即随哥哥外出工作，较早地涉足世界，并热爱生物科学。1848 年 4 月华莱士有机会和昆虫学家贝茨乘船去南美亚马逊河和里奥·内格罗河流域一带进行科学考察，为期 4 年，收获甚丰。但在归来途中，不幸因船失火，丢失资料、标本，险丧生命。华莱士并不气馁，他于 1853 年写成了《亚马逊河和里奥·内格罗河流域巡视》一书，详尽地记录和描述了这些地域的气候、地理、风土人情，以及生物物种、形态和生活习性。

1854 年华莱士又去马来西亚群岛进行第二次长期的科学考察，进行动植物标本采集和古生物化石的发掘，研究各岛上特有物种的来源、变异和相互之间的亲缘关系。他通过大量生物变异和地理现象的观察，开始思考着生物进化问题。历史也会巧合，1858 年 2 月，华莱士得了一场疟疾病，他阅读了马尔萨斯《人口论》受到启发，悟出了生物界充满生存斗争现象和自然选择作用，于是他带病整理资料写作，很快完成了“论变种无限地离开原始模式的倾向”的论文，而文中总结出了生物“适应”、“变异”和“生存斗争”等重要概念与规律。他把写好的这篇论文寄给达尔文审阅，如果文章看上去足以令人满意的话，请求送去发表。

2. 一篇联合论文的催生作用

1858年6月达尔文收到一位远在马来群岛上工作的英国博物学家华莱士的信与一篇论文。这时候，达尔文还在修改他的鸿篇巨著《物种起源》，当他看到华莱士的这篇文章时，不觉大吃一惊，尽至有些气馁了，因为文章的基本观点与自己的见解不谋而合，十分相近似。华莱士来信还提及希望将论文转给地质学家赖尔与植物学家虎克看，以便听取意见。达尔文没有把信压下来，立即写信给赖尔与虎克建议他们在即将举行的伦敦林奈学会会议上代为宣读这篇论文。达尔文老师赖尔，好友虎克、伊莱尔认为不妥，因为，达尔文早在1844年已经完成进化论（自然选择）体系，他们都看过他的手稿。于是建议达尔文写一篇论文摘要与华莱士拼凑合成一篇论文同时在学会上宣读。

这是有趣的历史性事件，1858年7月1日，伦敦林奈学会由学会秘书宣读题为"论生物在自然状况下的变异兼论自然选择法：家养族与纯种的比较研究"。作者是达尔文和华莱士。这篇联合论文，解释了物种如何演化的自然选择法。当时两位作者都不在场，参加会员无不感兴趣与赞许，但对学术观点没有立即引起多大轰动。可以说，华莱士与达尔文共同提出了生物变异和物竞天择说的进化论，开始受到人们的重视，当达尔文《物种起源》发表之后，才引起巨大反响，达尔文成为进化论的代表，华莱士的名字也渐渐淡出了。现代有人为华莱士抱不平，甚至说达尔文学说中有华莱士观点，是难以考研的。华莱士的进化论因缺乏深入系统研究未能成熟地提出论点与学说，所以，还不能与达尔文相提并论。

不过，人们认为华莱士的来信与进化论观点共同发表逼着达尔文提前发表他的《物种起源》巨著。据知，达尔文的进化论体系早在1844年成立，但他一直怕受到宗教势力的攻击不敢发表，想效仿哥白尼在临死前发表，结果华莱士把自己的进化论论文大胆塞给达尔文，请求指点。这样一来，达尔文有了同行者，同时也意识到如再不把自己的成果公布于世，可能被别人抢走了。人们认为华莱士出身贫寒，又有反对基督教倾向，较之达尔文则少了上层社会人士的那种顾虑，加之，他了解和推崇达尔文在进化论的研究，所以，把自己研究成果寄给了达尔文。由于当代进化论研究谜底正在揭开，达尔文在赫胥黎等朋友支持催促下很快发表了《物种起源》这本划时代的进化论著作。

达尔文《物种起源》发表，立即引起轰动，短时间内即销售一空，接着再版，达尔文继续自己的研究，又出版了《人类的由来》等多部著作，使自然选择学说不断完善与发展，导致达尔文进化论时代到来。1862 年华莱士回到英国，拜访了达尔文，两人结成好友，由于华莱士出身贫寒，地位卑微，经济困难，达尔文经常给予接济，并说服英国政府给华莱士一笔不菲的年金，使其衣食无忧。

第三节　达尔文进化论的不足与发展

达尔文进化论是建立在自然选择与生存斗争为基础上的学说，限于当时科学水平，不足之处是存在的。进化论是全人类共同科学财富，在近 150 年来，不同年代的进化论者给予探讨、补充与纠正，至少经过三次大的发展。现代综合理论是当代进化论的主流派，但并非包罗一切。

一、物种的渐变论与突变论

达尔文在他的《物种起源》一书中写道：“自然选择的作用完全保存和积累各种变异，这些变异对每个生物，在其一切生活周期内所处的环境条件下都是有利的。最后的结果，各种生物在外界条件下日益改进，这种改进必然会导致全球大多数生物的体制逐渐进步。”他认为：“在继续发展过程中，已分化了的植物类型会继续分化。按照性状分歧有益的规律，那些分歧程度大的形状或更适应环境的性状，就会逐渐代替那些分歧程度比较差或比较不适应的性状。这样，旧的类型（或变种）和中间类（或中间变种）就会消失，而某些显著的变种跟其他变种就没有连续的微小变异的性状联系，于是它们形成了新种。”达尔文的“渐变论”思想自圆其说地解释了物种之间“过渡型”物种之不存。

自20世纪六七十年以来，基因“突变论”在分子遗传学基础上发展起来。生物进化的物种形成“突变论”很快代替了“渐变论”。因为，生物物种基因突变现象是大量存在，它包括中性突变、有害突变和有利突变。基因突变体和基因突变频率的研究有力地支持了种群个体杂交突变和新种发生的依据。只有种群基因突变在各种环境条件下所产生的变异，比之缓慢形态变异更为本质，并通过自然选择获得更大范围的有效变异和较快的产生适应变异而产生新种群。所以，基因论很好地解答新种产生的原因和不存在更多的中间过渡类型，并有力地支持了自然选择学说。然而，寒武纪“大爆发”和以后多次的生物灭绝与大进化都表明生物种群进化不是渐变的而是突变的，也是突发的。

二、化石缺乏与弥补

生物进化化石是重要依据，但达尔文当时著写《物种起源》时所依据的化石资料是很缺乏的。在哺乳动物中，只有小数爬行动物，四脚兽动物，鸟类只有始祖鸟，而达尔文提出的人类起源于类人猿之设想，更多的是根据现存的猿猴类与人的相似性，1858年发现的尼安德特人（简称尼人），当时还未确定它是哪一年代的古人类化石。这都不足以弥补猿与人之间的巨大空间。

达尔文在论述进化论时，也已意识到化石的重要性，他知道同时代居维叶提出的“灾变论”留下的海洋无脊椎动物化石，而今很少发现，一是没有找到，二是很少留下。他明确地提到：“大多数富含化石的巨大地层，是在沉降期沉积下来的，而不具化石的空白极长的间隔，是在海静止或者隆起时期，以及沉降物的沉积速度不足以淹没和保存生物遗骸时出现的。”因此，他在灭绝物种与现存物种之间的亲缘关系上有个结论性的看法：“密切连续的地层化石中的化石遗骸，虽然被列为不同的物种，但近缘性强，其对于生物进化学说的意义是很明显的。因为各地层的累积往往中断，并且因为连续地层中，找到在这些时期开始和结束时出现的物种之间的一切中间变种。但是我们在间隔的时期之后，应该能找到密切近缘的代表种，而且我们的确找到了。总之，我们已经找到物种类型缓慢的、难以觉察的变异证据。”

现在看来，达尔文对生物化石形成与保存和对有代表性物种寻找的必要性的看法都是正确的，并寄予极大希望。现在，我们可以告慰达尔文和广大读者，在 20 世纪的百年间，从寒武纪“生命大爆发”，经恐龙时代，与恐龙大灭绝到鸟类和哺乳动物大演化直到灵长类、古猿与人类出现的大量化石的发掘，足以弥补各地质年代化石的短缺，可以更好理序生物进化系统，但并不等于生物进化的所有问题都得到解决。

三、达尔文进化论修改与发展

关于达尔文进化论学说的发展总是不断争论、修正和补充过程中发展，所及内容与问题很多。这里就提及一般所认为的三次大修改和发展。

1. 魏斯曼的种质论修改

在 20 世纪之初，以德国生物学家魏斯曼（A. Weisman，1838—1914）为代表的学者，对达尔文进化论进行了一次清理，把所谓一切庞杂内容，如拉马克的获得性遗传说，布丰的环境直接作用等去掉，突显了自然选择原理作为达尔文学说的核心。他提出种质遗传观念，完全否定了拉马克的获得性遗传学说。经魏斯曼修正过的达尔文学说被称为新达尔文主义。

当时达尔文的自然选择进化论是遭到非议的，这次修改坚持了达尔文的自然选择原理并首次把种质遗传观念引入进化论之中，即与重新认识的孟德尔遗传学结合,对支持进化论是有积极意义的。但是,他又完全否定物种变异与获得性遗传是不对的,后来又遭到苏联李森科学派的反对引起学术上的偏激之争,更显见混乱而不可取的。

我们应该看到科学是发展的、继承的,达尔文能兼收拉马克、布丰观点是正确的,而魏斯曼极端排他观点是无济于事的。这次大修改并没有引起大发展,却产生了重大反响。

2. 现代遗传学的发展与修改

20世纪50年代,由美国遗传学派摩尔根(T. Morgan,1866—1945)等人对遗传基因突变的研究,使得"粒子遗传"理论代替了"融合遗传"的传统观念。群体遗传学家又把粒子遗传理论与生物统计结合重新解释了自然选择原理,并对适应概念作了相应修改。

群体遗传学用繁殖的相对优势来定义适应,适应程度则表现为个体或基因型对后代基因库的相对贡献,用这样的新概念替代了达尔文原先的"生存竞争,适者生存"的老概念。由此可见,适应与选择不再是极端的生存与死亡。这样的"全或无"的概念,而成为繁殖或基因传递的相对差异的统计学概念。由此,人们将自然选择的宏观的或口号式转变成可以计算和量变的以及含有遗传信息的概念。

这次20世纪中期对进化论发展作出重大贡献不只是摩尔根学派的遗传学家,还有众多的遗传学家、生物系统学家和古生物学家等。他们综合了传统生物学科的成就和多种进化因素,引起对自然选择学说本身与其相关概念,包括适应概念和物种概念所作的修正。现代综合进化理论能较好地解释许多问题,而生物进化地质表和各类进化系统树都相应得到提出。

3. 20世纪后半期的古生物学和分子生物学的发展与修改

在20世纪后半期,世界各地古生物学家发现了大量古化石,特别是中国古生物学家在云南、贵州、辽宁、广西、湖北、陕西、甘肃、新疆等不同地质年代发现的化石。从寒武纪"生物大爆发"、恐龙大灭绝到哺乳动物和鸟类大进化的古老地质年代的化石发现，以及到人类古化石的发掘，极大地弥补了各类生物进化化石的缺失，从而揭开了物种绝灭与演化的关系。我们运用现代生物技术揭示了生物大分子的进化规律和基因内部的复杂结构，并从宏观和微观两个领域的研究结果，可以对达尔文学说进行更深入、更全面的修正与补充，仅列举以下几点。

(1)古生物学证明大绝灭和大进化过程并非匀速、渐变的，而是快速变化，辐射适应与进化停滞相间进行的。所谓大绝灭大进化，小绝灭小进化的概念与相关概念都被提出讨论，它们之间并非是完全相关一致的。

(2)生物大进化与分子进化都显示出相当大的随机性。可以说，生物进化不受任何造物主的影响，进化是没有预先确定方向和目标，所以，地球上的人类出现完全是偶然。分子进化中性论对自然选择的中立或不敏感，表明自然选择并非总是进化的主因素。但中性突变基因也不能否定自然选择的主导作用，它可能是分子层次进化规律的某种缓冲补充或显示出大分子进化的保守性。

(3)生物进化速度在不同地质年代，有快有慢，时起时伏，也是现代进化论所关注的问题。自寒武纪生命大爆发后，特别是高等植物和高等动物征服陆地后，生物进化大大加速了。也就是说，从原核单细胞生物到寒武纪多细胞出现经历了 20 多亿年。自寒武纪末期至今是 5 亿年，先出现鱼类和两栖类爬行动物。从爬行类到哺乳动物再到灵长类先后只有 1 亿年和 6000 万年。古猿出现于 2300 万年前而类人猿与大猩猩的分离，始于 800～1000 万年前。现代人发生仅 3～5 万年前。这样加速的进化有没有内生动力，单凭自然选择学说能够解释得清楚吗?

(4)生物进化内动力。早在 1809 年法国进化论先驱者拉马克就提出生物本身存在一种内在向上发展的倾向，表现为等级现象。过去，人们很少提出讨论生物进化的内在动力，极易扣上目的论、神创论的帽子。现代遗传学和基因工程的深入研究已揭示出遗传系统本身具有某种神奇的进化功能，

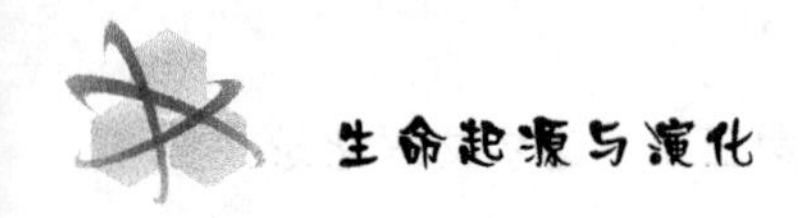

所以，生物进化过程可能有内在因素的驱动与导向。转基因的器官发生和体细胞克隆羊的诞生都证明生物基因充满机体的自我创建能力。

的确，我们对现有生物基因的复制和功能的自我调节与表达可以得到论证。但是，生物在进化道路上，从低等向高等发展的导向动力还很难给予解答。为此，笔者有兴趣特设《论生物进化动力》一章进行应有的讨论。

第四节　种与物种形成

谈到物种起源，总要对物种和物种形成有个明确概念。拉马克强调物种的可变性，因此否定了物种真实性的存在。达尔文接受了这种观点，把物种作为生物进化的一个过渡的中间类型，无数彼此连续的变种。物种毕竟是生物分类的基本单位，因此，他们在讨论问题时还是承认物种存在的真实性。

一、物种的概念

1. 达尔文的物种概念

达尔文在他的《物种起源》一书中对于物种与变种之间有关大量论述，这似乎表达了变异与进化关系，反对物种不变观念。所以他写道："物种与显著变种之间的区别并没有绝对正确的标准，当两种可疑类型之间没有任何中间形态存在时，是否能把一方或双方升到物种的级别。因此，差异量就成了决定两种类型到底应该是物种或是变种的至关重要的标准。"由此看来，达尔文把物种当作相对标准概念是正确的，但他对物种没有作出明确的定义。

2. 林奈的概念

林奈是分类学创始人，他认为物种是由形态相似的个体组成，同种可自由交配，并产生可育的后代，而种间杂交则不育。这是可接受的物种概念，但林奈却把物种看成不变的、永恒的、独立的创造物。林奈到了晚年才承认物种是可变的，分类是人为的标准，有统一的分类方法，才能有效地研究物种之间的关系和物种演化。

传统的分类学认为每一个物种有一个理想的形式，它具有这个种的全部特征，这就是模式概念。分类学以"模式"为依据，一个物种所包含的成员不一定完全与"模式"相同，承认种内个体差异，但只有与该种模式有足够的相似性的个体才能归属到该物种。

3. 种群概念

种群的概念达尔文早有提出，他当时意识到优势种在"抢占自然组成位置"，有利性状分歧和生存竞争。从现代种群遗传学基本原理出发，认为生物种是由一些具有一定的形态和遗传相似性大于它们与其他物种成员的共性。但与模式概念不同，个体的变异也重视物种成员之间的差异或多样性乃是真实的存在，而物种个体成员的共性乃是统计学的抽象，是虚的。分类的目的若侧重于识别、区别当前的物种，则不需要考虑时间因素，因而无时间种概念则为生物分类学家所接受。若分类的目的在于建立进化谱系或分类对象包含了地质史上的生物，则必须将物种置于时间向度上，这是系统生物学家和古生物学家所接受的时间种概念。

从遗传学观点看，生殖隔离是种与种之间的不连续性的根本原因，因而也是识别和区分物种的可靠标准。从生态学观点看，物种是生态系统中都处于它所能达到的最佳适应状态。种间突变所产生的中间型个体，即便出现适应值降低，也会被自然选择所阻止。表型的区分特征无论对于有性生殖和无性生殖而言都是最重要的、最实用的物种识别标准，它包括形态特征、生理生化特征和行为特征。形态特征对于大多数真核生物和原核生物中的藻类的物种鉴定最重要，也最实用。然而，对多种、姐妹种以及种内变异显著的物种而言，单靠形态特征很难识别。所以，要给物种一个理论上有

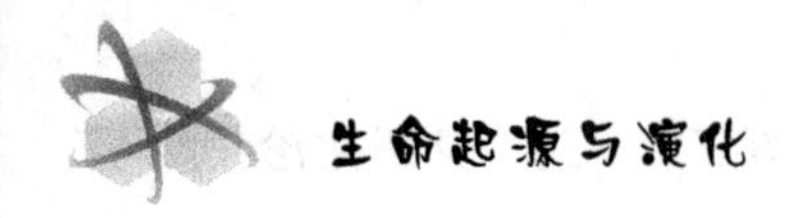

道理的，在实际应用上又很方便的定义是极其困难的。

二、物种的形成

1.渐变论

物种形成的含义有几层表达。一个物种内部分异而形成新种过程，在时间向度上的延续构成一条线系，通过线系演化而实现同种一个群体获得与同种其他个体的生殖隔离的过程，也就是新种的形成过程。物种形成有两种观点：一种是渐进的种形成，称作渐变论；另一种是突变的、快速的种形成，称作突变论。

达尔文是渐变论者，他在《物种起源》书中有一段这样的描写："为什么变异如此之多，而真正新奇的东西却如此之少？""因为自然选择只是利用微细的、连续的变异而发生作用，它从来就不是使物种产生巨大且突然飞跃的能力，它只能以一定的、短的、确实的、缓慢的步骤前进。"达尔文的渐变论基于当时对自然界物种差异的普遍现象和家养品种变异的认识。如今遗传学确认了突变体的发生，是否就否定了渐变论的作用，仍值得讨论。根据生物渐变的观点，在种群中产生变异之后，却缺少种群隔离，是无法使缓慢变异得到积累而形成新变种。我们知道种群间的遗传差异由于种群的基因交流而减弱，只有环境的阻隔因素才能降低或阻止种群间基因交流，种群间的遗传差异才能积累。对于陆地生物来说，海洋、湖泊、河流是构成阻隔因素，对海洋或水生生物来说，陆地是阻隔因素。或者说各种高山、湖泊、沙漠不均匀分布的温度、盐度以及地质历史发生都可能构成隔离因素。环境阻隔的渐进发展可能与被分隔的种群间遗传差异的积累是并列进行的。前面提及的加帕戈斯群岛的达尔文燕雀有4属14种都是地理隔离的产物。

一旦生殖隔离完成，新种的分布区即使再重叠，即原先种群环境隔离因素消失，也不再融为一种了。自然界中许多物种是由若干亚种组成的复合种。例如虎在我国有两个亚种，即分布于东北地区的东北虎和分布于华南地区的华南虎。此外，还有印度虎、苏门答腊虎都是亚种，亚种和族都是正在形成中的种，是向新种过渡的不完全的种或变种。亚种的形成是与地理隔离有关的。

2. 突变论

物种进化的突变论则不同于渐变论。这是20世纪中期遗传学基因突变体研究的一项重大成果。1963年，Grant把快速的种形成叫做量子种形成。量子种形成的必要条件：①显著突变发生，突变体与同种群的其他个体之间生殖隔离；②新突变个体能以某种方式繁殖和延续突变基因迅速扩散，即频繁快速增长并达到在种群固定。我们不禁要问突变体的遗传适应是否也要经过缓慢的过程积累性状变异和生殖隔离而形成新变种呢？实际上，以上的必要条件有其很大的假设成分。

分类学家Mayer(1977)竭力主张快速种形成观点，他认为已存在的物种其遗传组成是成功适应其生存环境的，通过缓慢的微小突变的积累是不大可能造成显著分离而产生种上分类单元的。何况物种有它的固定性和保守性。新种和新的高级分类，单元的产生只能通过大量大的、快速的基因型的改变。按照达尔文的说法，新种产生必定是一种从量到质的跳跃，新种必定显著不同于其原先的老种。然而，我们对这种观点的肯定能否保留渐变论的作用，两者应为补充。

古生物学家Eldredge和Gould也认为，按照化石记录，新的物种是跃进式出现的。新种一旦形成，在它存在的上百万年时间里，并没有出现显著变化，处于表型平衡态，直到另一该物种形成突然出现。这就是点断平衡模式。其实，在自然界，只要有一定强度且稳定的选择压力，需经过成千上万代可以完成符合渐变模式的物种形成过程。突变种并非在几百年的短时间内形成新变种。突变体总是在发生的，但大多突变体在自然选择作用下，在没有形成稳定的特征就被淘汰，而“短暂”的地质时间尺度上的化石还没有形成保存下来。在这模式中可能包含了一个后续的渐进阶段，使突变种得以适应形成稳定新种群数量占据相当繁殖空间的生态位。由此推测，一个突变种的形成的平均地质年代在几万年至上百万年间，因此，渐进模式和点断平衡模式对于解释记录都是有用的。

第四章　生物进化地质史料

根据宇宙大爆炸生成理论，地球形成已有50多亿年了。地球形成之初，曾是一个炽热旋转的球体，随后逐步冷却形成地核、地幔和地壳，并出现原始大气和原始水域海洋。在地球形成之后的大约10亿年处于无生命的行星，却在合成大量的有机物质，为原始生命演化作准备。

生命终于发生了，最古老细菌化石距今35亿年前得到发现。开始生命演化非常缓慢，大约经过20多亿年的单细胞生物后，才出现"寒武纪生命大爆发"的原生多细胞，开始加速了生命的演化历程。如果，我们把地球比作一本书，地层化石则是书页中的一种文字、图解，它记载着地球生物演化历史。虽然这本地质史书由于年代久远，可能变得残缺不全，或者发掘有限，看起来似乎有些模糊，但它确实无疑地展示了生物从简单到复杂、低级向高级的演化过程。

第一节　地质年代与生物史表

一般生物学书籍都会提到一点生物地质年代史，它最早始于拉马克时代，而今逐步细化充实，这对了解生物进化史是不可缺少的。本节根据地质年代与生物进化史进行解读，内容极其丰富。

一、元古宙前后

地质学家把漫长的质地年代划为4个宙(Eons),即冥古宙(Padean Eon)、太古宙(Archean Eno)、元古宙(Proterozoic Eno)和显生宙(Phanerozoic Eon)。从5.9亿年前到现在都属于显生宙。显生宙分为3个代(Eras),即古生代(Paleozic Era)、中生代(Mesozoic Era)和新生代(Cenozoic Era)。每代又分若干纪(Periods),每纪又分若干世(Epochs)(见表4-1)。

1. 冥古宙

冥古宙是地球刚形成不久的时代,约46～48亿年前,所谓混沌初开,天外紫外线与宇宙线辐射强烈,地球炽热火山熔岩频发,狂风骤雨,闪电交加,沧海陆地巨变,导致有机物质的大量催化合成与积累,原始大气圈和水圈形成,是生物化学演化的前夜。

2. 太古宙

太古宙距今约35～38亿年,地球已不那样炽热和激变了,有利于原始细胞的形成。目前已在南非太古宙翁维瓦特系(Onverwachti system)和斯瓦慈兰系(Swaziland system)碳质页岩中找到丝状有机化石,视为细菌,距今约35亿年。太古宙的初级生命都是一些单细胞厌氧的异氧型原核类细菌。因为这时的大气圈是还原性的,含有极小量的氧而富含氢及甲烷与氨。另外,斯瓦兹兰超群和澳洲的瓦拉乌那群(Wara Woona Group)碳酸盐岩中都有层状和柱状的叠层石(stromatolite),距今约31～33亿年前。叠层石是蓝藻(即蓝细菌)和其他微生物生命活动的产物,一般被视为光合作用和光合微生物存在的可靠证据(图4-1)。

图4-1 叠层石

表 4-1 地质年代和生物历史表

宙	代	纪	世	从100万年前到100万年后	气候及生物
显生宙	新生代	第四纪	现代	0～0.01	冰期过，气温上升；被子植物繁盛，人类发展
			更新世	0.01～2	4个冰期，北半球冰川，气温下降；直立人，早期智人出现；一些大型兽类绝灭
		第三纪	上新世	2～5	喜马拉雅山、安第斯山、阿尔卑斯山建成，大陆各洲成型
			中新世	5～25	气候转冷，单子叶植物渐盛，形成草原；灵长类发展
			渐新世	25～38	被子植物取代裸子植物
			始新世	38～55	恐龙绝灭，鸟类及哺乳类大发展，适应辐射
			古新世	55～65	气候转暖，原始灵长类动物出现
	中生代	白垩纪		65～144	造山运动，大陆分开；裸子植物衰退，被子植物发展。恐龙与多种有袋类绝灭，胎盘哺乳及鸟类兴起
		侏罗纪		144～213	气候暖湿，大陆漂浮；裸子植物为主，被子植物出现；爬行类繁盛。恐龙、鱼龙、翼手龙等；始祖鸟、单孔类、原始有袋类出现
		三叠纪		213～248	气候温和干燥，晚期湿热；裸子植物成林，炭化成煤。无尾两栖类出现，爬行类恐龙占优势，原始哺乳类出现
	古生代	二叠纪		248～286	造山运动频繁，干热、蕨类衰退，裸子植物繁盛；三叶虫及多种无脊椎动物绝灭，爬行类辐射适应
		石炭纪		286～360	造山运动，气候温湿，蕨类繁茂，裸子植物兴起，陆生软体动物，昆虫辐射适应，两栖繁盛，爬行类兴起
		泥盆纪		360～408	陆地扩大，陆生蕨类出现；鱼类发展，肺鱼、软骨鱼大盛；昆虫、两栖类出现。三叶虫减少
		志留纪		408～438	造山运动，陆地升起，原始蕨出现、珊瑚多，三叶虫衰退。无翅昆虫，甲胄鱼出现
显生宙	古生代	奥陶纪		438～505	浅海广布，气候温暖，海洋大型藻类繁盛，贝类发生，珊瑚虫、三叶虫占优势
		寒武纪		505～590	浅海扩大，气候温和，海藻类繁盛，三叶虫，海绵，珊瑚，腕足类，软体动物，棘皮动物出现
元古宙				590	温暖浅海，蓝藻，真核藻类，后生动物起源
太古宙				3800	水圈，细胞形成，有微生物化石，叠层石，光合自养厌氧微生物出现
冥古宙				4600	初级大气圈，化学进化

本书表4-1引自陈阅增老师主编的《普通生物学》(2000年版)，略作修改。

3. 元古宙

元古宙的叠层石也很多，说明这一时期原核蓝细菌已经很发达。其实原核嫌氧细菌较早一些就已出现，只是很少留下化石。人们把太古宙称为"蓝细菌时代"（或蓝藻时代），其长达10多亿年。蓝藻的光合作用放氧特性造成水陆环境的有机物质增加和大气圈自由氧的缓慢积累，为真核细胞的发生创造了条件。随之，蓝藻衰落，这可能与大气圈 O_2 的含量增加而 CO_2 减少，地球表面温度下降等环境变化有关。然而，目前生物界的蓝藻仍是最大的一群光合自养原核生物，包含丝状体和单细胞细菌150属1500种，其中，固氮蓝藻是生物界最重要的固氮生物。

二、寒武纪—奥陶纪

古生代早期即寒武纪和奥陶纪是高等藻类和无脊椎动物时代。有人或许会提问，寒武纪"生命大爆发"有多少化石依据，为什么有突发性发生？后生动物即多细胞动物究竟何时出现在地球上？可靠的化石最早是从澳大利亚中部埃迪卡拉地区（Ediacara）庞德石英岩（Pound quartzite）中发现的，距今时限为5.8亿至5.4亿年。近些年来，我国考古生物学家陈均远、侯先光等（1996、1999）在云南澄江天帽山的5亿年前的地层中发现了大量的生物群（图4-2），它们是巨虾、谜虫、节水母类、小舌形贝、微网虫、奇虾、云南虫、细丝海绵、螺旋藻、网面虫、中华谜虫、娜罗虫、古介形虫、古蠕虫、尾头虫、日射水母贝、帽天山虫、软骨海绵、帚虫类、火把虫，以及腔肠动物、棘皮动物新属新种等无脊椎动物化石和脊索动物海口虫化石。与此同时，在贵州瓮安发现了5.8亿年前，迄今最早的多细胞海绵化石，为寒武纪生命大爆发之谜得到进一步论证。为此，也冲击了达尔文进化论的渐变发生说。

现在，全世界有10多个国家20多个化石点被发现，所以，人们认为"埃迪卡拉动物群"有可能是全球分布的。寒武纪底部（相当于约5～5.3亿年沉积岩）多门类的无脊柱动物化石（节肢动物、软体动物、腕足动物和环节动

图 4-2　澄江生物群复原图

物)几乎同时地突然出现,而寒武纪底界以下(前期)的更老的地层中却找不到动物化石。这就是寒武纪生命大爆发的有力证据,甚至认为寒武纪完成了几乎各门多细胞生物躯体的基本设计。这是为什么?生态学有一定解释:在寒武纪之初,多细胞动物刚刚出现之时,外部环境非常合适,可以为动物占据的生态位都是空的,任何一种生命类型都可找到合适的生存与发展空间,因此,发生了一次蔚为壮观的辐射进化。多细胞动物群出现是生物进化史上的一个里程碑。

1. 奥陶纪

奥陶纪浅海扩大,气候温和,有利于无脊动物发展,如苔藓出现,三叶虫、笔石珊瑚和蕨类植物进入繁盛时期。其中原始的节肢动物三叶虫占海洋动物总数的60%。原始脊柱动物,甲胄鱼(*Ostracodern*)首次出现(图 4-3)。

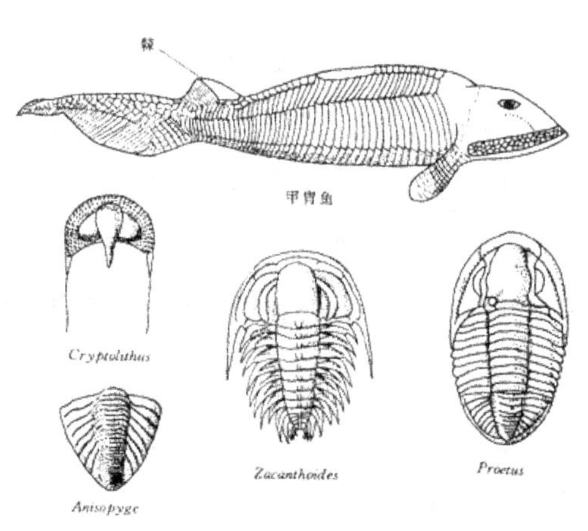

图 4-3　三叶虫和甲胄鱼

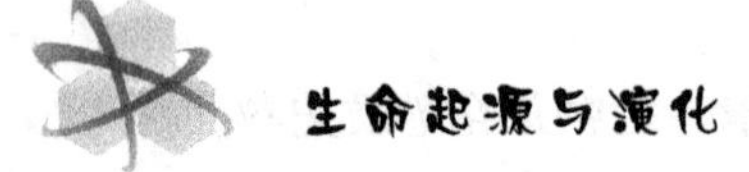

2. 志留纪—泥盆纪

古生代中期即志留纪和泥盆纪，是裸厥和鱼类兴起时代，而三叶虫衰退。这时期海陆更迭，海洋缩小，陆地扩大。在地球早期，生命只局限于海洋，陆地是荒凉寂静的。到了志留纪和泥盆纪出现了最早的陆生植物——裸蕨类和莱尼蕨（*Rhynia*）以及石松类和真蕨类。随之甲胄鱼在泥盆纪后期衰退，代之兴起的有原始颌骨的棘鱼（*Acantiodi*）、盾皮鱼（*Placodermi*）。泥盆纪还出现总鳍鱼（*Crossopterygian*），是动物从水登陆的先驱。

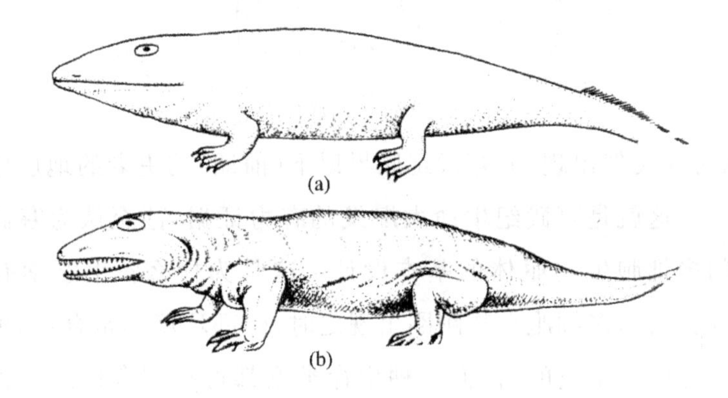

图 4-4　鱼石螈(a)与西蒙螈(b)

3. 石炭纪—二叠纪

古生代晚期，即石炭纪和二叠纪，是蕨类和两栖类繁盛的时代。这时期的裸蕨类衰落而石松类、楔叶类和真叶蕨类植物崛起并以惊人速度向内陆推进，形成宏伟的沼泽森林。鳞木（*Lepidodendron*）、封印木（*Sigillearia*）、芦木（*Calamites*）等高大的蕨类乔木均为参天大树。石炭纪还出现了原始的裸子植物如种子厥和科达树，至二叠纪出现了银杏、松柏、苏铁的早期类型并逐步走向繁荣。古生代晚期是两栖类占统治地位的时代，早期有鱼石螈（*Ichthyostega*），后期有西蒙螈（*Seymouria*），已开始向爬行类进化（图 4-4）。与此同时，在茂密的森林里，各种昆虫也发展起来了。

三、中生代

1. 承上启下的时代

中生代始于距今 2.5 亿年，结束于 6500 万年前，按动植物演化特点可分为三叠纪、侏罗纪和白垩纪三个时期。中生代是裸子植物、爬行类动物盛行的时代，也是个承上启下的时代，为新生代演化奠定了基础。

三叠纪时气候温和，裸子植物广布陆地，发展成茂密的森林，为地球上炭化成煤时期。动物也向适应陆生干旱环境发展。爬行动物演化包括龟类、蜥蜴、蛇类、鳄类和恐龙类的出现，它们的祖先都称祖龙，为有名古蜥。在侏罗纪时，爬行动物的适应辐射结果导致恐龙成为当时地球上的霸主，水中有鱼龙（*Ichthyosaurus*）、蛇颈龙（*Plesiosaurs*），飞行的翼龙（*Pterosaurs*）以及陆地的各类恐龙，如跃龙（*Allosaurus*）、霸王龙（*Tyrannosaurus*）和剑龙（*Stegosaurus*）等（图 4-5）。

中生代白垩纪，造山运动出现，火山迸发一段时间后气候变冷。裸子植物衰退，被子植物发展。白垩纪是中生代最后一纪在此也需提及。白垩纪得名于球状颗石藻的碳质所形成的白垩层。现存在地层中的石油则是由当年硅藻等浮游生物尸体沉入海底或渗入海底岩层经过长时间的高温高压作业，逐渐变成黑色的天然石油。所以，中生代不仅是成煤的时期也是盛产石油时期。白垩纪持续了 7700 年，也是恐龙由巅

图 4-5　中生代恐龙

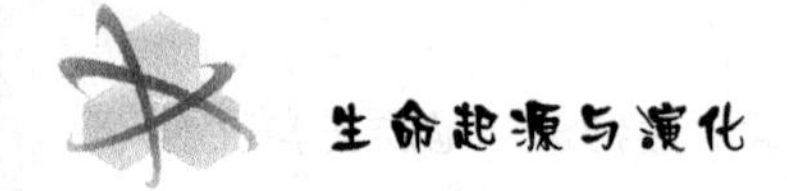

峰走向完全灭绝的重要时期。恐龙突然绝灭，这是一个难解之谜，是自身生态环境改变或是外来小行星撞击所致？恐龙绝灭后，导致新生代哺乳动物、鸟类兴起和灵长类和人类的出现。

2.恐龙时代

恐龙(dinosaurs)在分类学上有两大类，分别是蜥臀目和鸟臀目，它们的主要区别在于耻骨的开角，即蜥臀目具有真正爬行动物的散射型盆骨，而鸟臀目具有四射型盆骨结构。这里的盆骨结构难以指出它的优劣及其复杂进化祖先。

蜥臀目大多为肉食动物，口宽颈长，具有槽生齿。食肉恐龙类有鼻上生角的角鼻龙(*Ceratosaurus*)和不生角的巨龙(*Megelasaurus*)。一种跃龙(Allosaurus)体长约 9m，看似粗笨，前肢三指有趾爪，可用以迅速捕食。一种霸王龙(*Tyrannosaurus*)体长 14m，立高 6m，头骨长达 1.2m，锐利的牙齿突出，形如弯刀，边刃带有踞，故是凶猛的恐龙食肉者。霸王龙出现于白垩纪晚期，视为恐龙发展的顶峰。世界上已知最大的恐龙是腕龙(*Brachio-saurus*)，1909 年发现于非洲东部的一具腕龙总长 22.5m，高 6.4m，估计生活时体重达 78 吨，以后发现了一些更长的骨骼，体重可达 100 吨以上。这样的大型肉食恐龙，不知每天要吃掉多少肉体动物，为此，只有搏斗咬杀。

鸟臀目恐龙都是素食的，是双足行走或次生成四足行走。其中鸟脚亚目两足行走，脚的特征似鸟类，有三趾，嘴无牙齿，有特别发达齿骨。这类外观体型较小，有如禽龙(*Iguanodon*)、蛟龙(*Anatosaurus*)和鹦鹉嘴龙(*Psit-tacosaurus*)等。剑龙亚目恐龙，头小，四脚行走，背部有两排直立的骨状、尾部有成排的尖锐尾刺，甚为奇怪。其骨有何作用尚有争议。三角龙(*Tri-ceratops*)、独角龙(*Monoclonius*)，体大如犀牛，满身厚皮，没有骨皮，头上有角，是属防护构造。

中生代是恐龙横行时代，不仅陆地拥有各种各样的食肉、食素恐龙，而且水中有众多的鱼龙、蛟龙，还有空中飞行的翼龙。目前，中国在西南、西北以及长江流域均发现恐龙骨骼化石和恐龙蛋化石，其中，河南西峡盆地已查明的恐龙蛋化石就有 8 科 12 属 25 种，多达万余枚，堪称恐龙蛋巢穴，可见当年恐龙之盛行。恐龙是中生代的优势种，经历 1.2 亿年到白垩末期全部灭绝了，没有留下后代，却留存了大量化石。

关于恐龙灭绝的原因有多种说法，大体有三种。第一种是“天外灾变论”，认为天外有颗小行星撞击了地球，撞击点是在白垩纪末期，发生在距今 6500 万年的一场可怕小行星撞击事件，称作为 KT 界线(即白垩纪间夹着的一道黑线)。这是一层厚约 1～2 厘米的黏土，它含有很高的铱元素，铱是地球上罕见的金属元素，但在小行星或陨石上相当丰富。因此，科学家推测白垩纪末期曾有一颗小行星撞击地球，造成大批地球生物死亡。第二种是“龙口爆炸说”，认为随着恐龙的演化和繁殖大型动物，为争夺食物和生存空间的种内斗争和种间斗争加剧，恐龙的各个类群先后消失。当蜥脚类的巨大恐龙在北半球消失时，另一些种类仍继续在南半球生活。恐龙的灭绝虽说突然，实际上是一个渐进死亡发展过程。也就是说，从一个小行星撞击在大海之中，使海水升温，只有部分恐龙死亡，而大部分还持续了几百万年才逐渐绝灭，这还有其他原因相继作用。第三种是气候变冷和食物改变说，恐龙是温血动物，白垩纪后期气候变冷，被迫迁移而死亡。再者，常绿裸子植物被落叶被子植物所取代，因不适宜的食物会引起代谢紊乱，导致恐龙骨骼变形，恐龙蛋壳变薄，致使后代繁殖受阻等原因。

我国西北和西南地区都有大量恐龙骨骼和恐龙蛋化石发现，亦有作为大灭绝的证据。1979 年，我国自贡恐龙群化石发现震惊世人。据考察，仅 2000 平方米的恐龙化石群，就堆积着 200 多个体，比较完整的骨骼有 30 来具，近 20 个属种。这里的恐龙有大体积的“蜀龙”，长有 20 米，重达 40 吨；有小体积的鸟脚龙，长达 1.4 米，高 0.7 米。一些专家认为自贡恐龙大量发展，可能与 2 亿年前的一次强烈的地壳运动(印支运动)后，使从海水中隆起的四川盆地形成了适宜恐龙栖息的得天独厚的自然环境。随后，经过几千

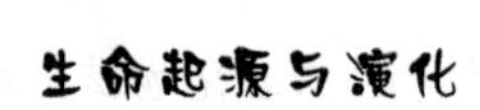

万年的恐龙繁殖演化，最后气候变得干热、可食森林与水源缩小，导致大量恐龙聚集在自贡这片地势低洼处，因地壳突变被埋葬在地层里，在缺氧条件下，经泥沙、岩石的固结、充填、置换等石化作用，而形成了现在所见的样子。其实，绝大多数的生物死后，都不留痕迹，所以，当今的各种化石才显珍贵。

3. 鸟类起源与演化

1861年，德国 H. V. Meyer 在巴伐利亚州晚侏罗纪海相沉积的碳酸岩地层中发现了世界最原始的鸟类——始祖鸟（*Archacopteryx*）化石。始祖鸟大小如鸟（图4-6），具有与现在鸟类相似的羽毛，已分化为初级飞羽、次级飞羽、覆羽及尾羽，鸟类特有的叉骨，但有口含牙齿和多尾椎现象存在。由于鸟类死后保存成化石几率很小，所以，新发现早期鸟类发生化石甚少。直到20世纪六十七年代，古生物学家 T. H. Otrom 在北美白垩纪地层中发现了一种驰龙化石，复活了鸟类起源于兽脚类恐龙学说。

图 4-6　始祖鸟

然而，在20世纪八九十年代，我国在辽宁、甘肃、新疆和内蒙古发掘了大量的鸟类与恐龙化石群，特别是辽宁西部晚侏罗纪到白垩纪地层中连续发现的许多鸟类化石，非常珍贵。根据中科院古脊柱动物研究所周忠和、徐星和侯连海等人，对中国中生代鸟类发生化石的发掘千余件标本进行整理与研究，新建6目15科，数十个新属包括被详细鉴定的辽西鸟、始反鸟、热河鸟、甘肃鸟、朝阳鸟、黄昏鸟、鹦鹉嘴龙鸟、孔子鸟、票鸟、今鸟、羽尾鸟、翼龙和中华鸟类，并由此提出了早期鸟类系统演化图（图4-7）。

从中华龙鸟和始反鸟等演化谱系上说明辽西鸟类层位于德国始祖鸟层

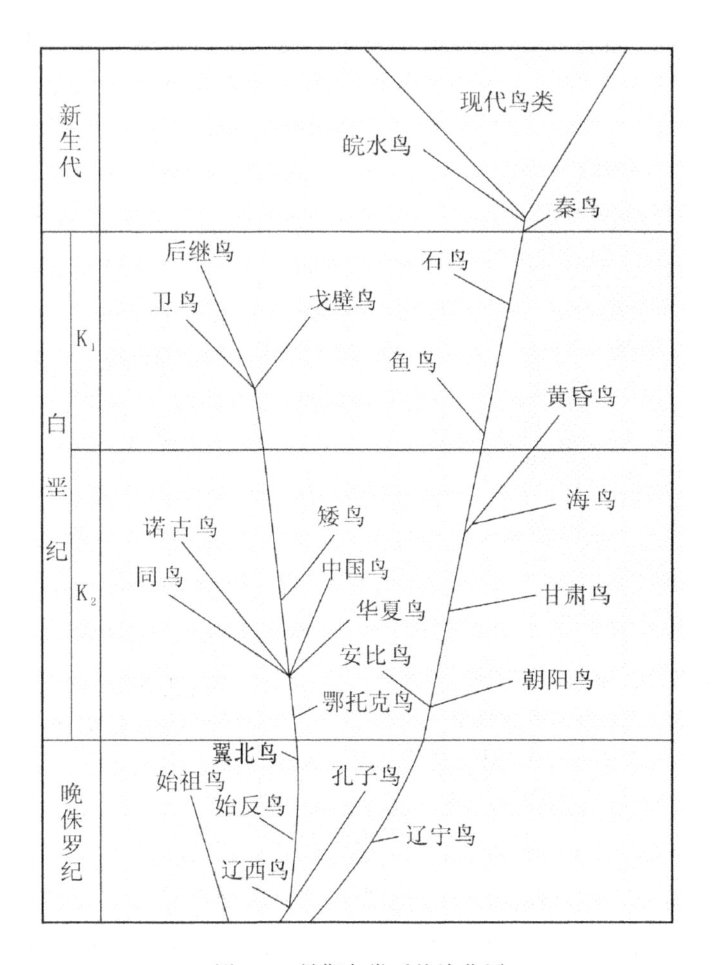

图 4-7　早期鸟类系统演化图

位。孔子鸟(*Confuciusornis*)和辽宁鸟的发现,表明鸟类谱系树的根部不是单一始祖鸟。孔子鸟完整化石发现与中华龙鸟一样的重要,图 4-8 为一对保存完好的孔子鸟化石及其骨骼复原。鸟类发生不久即在晚侏罗纪已经开始分化为两大演化支系,一支是晰鸟亚纲,代表古老分子,另一支是今鸟纲,代表新生类型。中国早白垩纪鸟类群的发现证明早白垩纪世,鸟类已向着多方位辐射,进化水平已有了很大的差异。随着恐龙时代的结束,今鸟纲与哺乳动物一起,在新生代初期辐射演化出了现生类型。目前,在考古学上我国已成为世界上拥有原始鸟类最丰富的国家，并为研究鸟类早期演化提供了新证据。

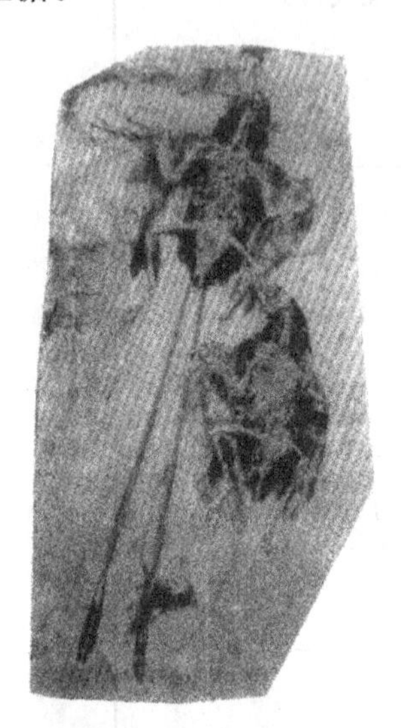

一对保存完好的雌雄孔子鸟
同时突然被埋藏于晚侏罗世晚期辽宁北票市上园镇四合屯的火山凝灰质页岩中。照片由南京地质古生物研究所陈丕基研究员提供

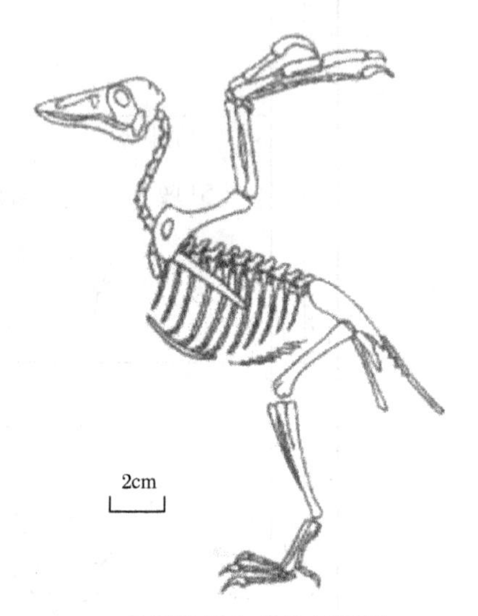

圣贤孔子鸟骨骼复原图
（自侯连海，1997）

图 4-8　孔子鸟化石与骨骼复原图

中华龙鸟（*Sinosauropteryx*）发现于辽宁西部北票市义县组的底部第一层凝灰岩内部的一件珍稀完整的鸟类化石标本。其层位低于孔子鸟的地层，该化石所具有“带羽毛的恐龙”原始特性，表明它是目前已知全球最原始的鸟类，是鸟类的真正鼻祖。1996 年，中国考古学者在《中国地质》第 10 期发表了《中国最早鸟类化石的发现及鸟类的起源》一文，引起了学术界广泛关注。中华龙鸟长约 1.06m，披有 2.3cm 长、1.1cm 宽的片状原始羽毛（仅有羽枝）。从躯体结构看，颊齿侧扁，眼眶大，方骨下垂直，与下颌骨相连，腰带呈三射状，一条长长的尾巴由 50 余节尾椎组成，骨骼的性质显示着恐龙的特征。中华龙鸟保存了完整的软体印痕，其腹部结构与现代鳄鱼相同，即胸腔与膜腔之间有膈。当膈膜伸缩时，拽动心脏，就像拉风箱一样，将空气

充入肺，但现代鸟类则没有这种分隔，也不采取此种呼吸方式，而是采取一种更完善方式。所以，中华龙鸟更接近于爬行类的特征，以其弥补始祖鸟起源与爬行动物的过渡型。

四、新生代

新生代从6500万年开始一直持续到今天，但其中间又分第三纪和第四纪。在第三纪中按不同的地质与生物演化特征又划分5个世。在第四纪中，又划分出更新世和现代。现代仅限于新石器时代以后的人类活动为标志，至今约1万年。

第三纪是被子植物大发展时期，也是鸟类和哺乳动物大发展与辐射适应时期。在这期间更高级灵长类如类人猿和南方古猿出现。

自上新世以来，地壳造山运动和各大洲板块移动，喜马拉雅山、安第斯山脉、阿尔卑斯山建成，四大洋、五大洲成型。地球气候分带，环境分异，四季有所变化。在植物界，被子植物取代裸子植物，得到全面发展，南北半球到处覆盖绿色植物，为各类动物提供食物与栖居。高等植物中适应性最强的豆科植物和最为进化的禾本科和菊类获得最广泛的适应与分布。

第四纪更新世北半球进入冰川期，距今约100万年，气温下降，使一些大型兽类绝灭，如猛犸象等。冰川期后期，大约在25万年前后，非洲、亚洲、欧洲，都有直立人、早期智人化石分布。直到4万年前，进入晚期智人时期，好像各大洲智人走向现代人出现了，导致某些混交新生或绝灭（如尼人）。为此，科学家对现代人发生提出了非洲发源说和多源发生说。自人类社会进入农耕时代后，家禽与畜牧业得到发展，与农业有关的生态系家鼠、田鼠，鸟类的鹦鹉科、雀科以及农田昆虫也都发展起来。随之，人类对生态环境影响与破坏是巨大的，这是后话。

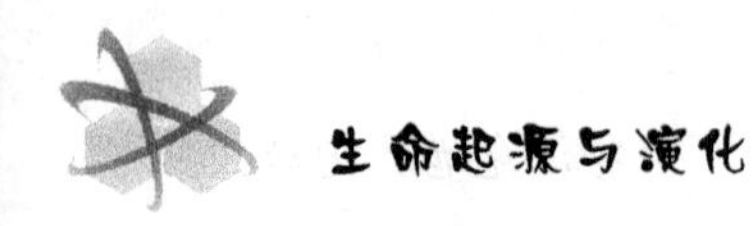

1. 哺乳动物时代

哺乳动物古老种最早发现于晚三叠纪，有如鸭嘴兽、针鼹、有袋类，但真兽类也称胎盘哺乳动物则在新生代早期由原真兽类适应辐射出多种类群，如有趾类、啮齿类、鲸类及灵长类，都是胎生、哺乳幼子。

图 4-9 鸭嘴兽和袋鼠

鸭嘴兽是现存最原始的兽类，属于原兽亚纲的单孔目，因直肠和泌尿生殖系开一个共同的肛门孔。鸭嘴兽为水生，卵生，但幼兽靠舔食母兽的乳汁成长。成兽无牙，无软唇，而有鸭嘴状的吻部，骨骼和软体都有着许多与爬行类相似的特征(图 4-9)。

(1)有袋类

有袋类与有胎盘类的形态有许多相同之处，它们分别发生于白垩纪中晚期，有共同祖先但很快作为独立发展。美洲可能是有袋类的发源地，它们相继在始新世末迁移到欧洲、亚洲和澳大利亚等地。造成有袋类在第三纪和现代澳大利亚繁荣的原因，可能是由于白垩纪晚期之后南美洲和澳大利亚与其他大陆逐渐分离成岛屿与大陆，没有其他动物的竞争，以至于有袋类在这两个岛屿大陆得以辐射发展(图 4-9)。

(2)啮齿类

啮齿类动物包括啮齿类(如松鼠、鼠)和兔形类(如家兔、野兔)。现代的啮齿类种类不多，但种群数量超过了所有其他哺乳动物总数的总和，体形小、繁殖力和适应性强。从进化角度看，这些动物在很多方面代表了哺乳动物成功的最高点，特别是老鼠机警狡猾广泛分布在城乡生活区，人类都难以对付它。蝙蝠是哺乳动物中唯一飞行统治者，其起源可能相当早，因为它在始新世已有高度发展，可能源于树上滑翔飞鼠。蝙蝠外形似鼠但前肢的掌骨、指骨特别长，指骨末端到后肢及尾之间，都长着薄而柔软的翼膜，所以，当它张开翼膜时能像鸟一样在空中飞翔。蝙蝠怕光，保持着夜间活动性，这是一类早已独立进化的啮齿类动物。

(3)有趾食肉类

有趾食肉类包括陆地和水生类型，如猫、狗、虎、狮、豹、海狮、海豹等最早的食肉类是细齿兽，又称古猫兽类化石，发现于北美和欧亚古新世、始新世和渐新世地层中，仿佛有个地域的发展过程。

猫形食肉类包括现代的灵猫科、鬣狗科和猫科动物，灵猫是晚新世出现，而鬣狗是到中新世从灵猫类分出。猫科动物则较早从灵猫祖先分出，后来发展很快，到渐新世时，它们与现代的亲属已没有多大区别了。猫类在捕杀和肉食生活上的特化是最完善的，它们很强壮、很灵敏，善于跳跃捕杀。美洲狮子和豹以及亚洲老虎与豹，都有发达的犬齿但足趾既有锐爪，又有软肉垫，善于偷袭与奔跑。

狗种的演化由晚始新世的指狗(*Cynodictis*)开始发展到中新世的新鲁狼(*Cynodesmus*)，最后到更新世和现代狗、狼、狐等。早在新石器时代中前期(1～2万年前)，原始人类过着采集、狩猎时就开始和狗生活在一起，在上万年的人工家养驯化下，家狗的体形、体质和习性已经与它野生似狼的祖先差别很大了。

(4)鲸类

鲸类包括海豚、鲸等，在分类上属于哺乳纲鲸目。鲸类是一类很早从陆地走向海生演化的哺乳动物。最古老的化石为始新世的巴基鲸，基本上是生活于河边，可深潜水捕食鱼类。距今5000万年前，有功能性后肢，类似于海狮能在陆地行走。距今4000万年时，鲸类的后肢已退化的很微小，成为现代鲸类一样完全为水生。虽然鲸变为鱼的样子，前肢变成胸鳍，后肢变成水平的尾鳍，但它的生理结构末变，仍用肺呼吸、胎生、哺乳。另外，海狮、海豹、海象和海牛也是有陆生哺乳动物走向海洋和海岸生活的次生演化。它们至少也经历了数百万年的海洋生活才发生从外貌改变到生理的适应。

(5)有蹄类食草类

有蹄类食草哺乳动物，有着众多的化石依据和现生类群，共约16个目，如牛、马、羊、猪、象等。最原始的有蹄类为裸节目的化石，有出现在古新世早期，如熊犬科化石，其中某些成员接近于奇蹄类、偶蹄类甚至鲸类的祖先。通常个体较小，所有牙齿都存在，臼齿仍保留原始的三楔式，背部容易弯曲，四肢短，脚有爪，尾很长。

奇蹄类的现生代表包括马、貘和犀牛等，蹄为奇数，而且脚的中轴通过中趾，它的内趾和小趾均已退化，只有3个趾起作用。马类属于早期始新世的始马，体型小，只有狐那么大。此后经过间马(*Mesohippus*)、中新马(*Miohippus*)、草原古马(*Merychippus*)、上新马(*plichppus*)，最后到现代真马。马的演化趋向可归纳如下：①身体增大，背部伸；②腿和掌趾长度增加，侧趾退化，中趾加强；③门齿变宽，犬齿退化，前臼齿臼齿化，颊齿齿冠变高；④下颌和夹骨加深以容纳高冠的颊齿；⑤脑量增大，变复杂化。

偶蹄类动物包括猪、牛、羊、河马、骆驼、鹿、长颈鹿、羚羊等，其主要特征是脚的中轴通过第三和第四趾之间来支持身体重量。这就是三、四两趾发展而其他趾足退化或合并。最早的偶蹄兽出现于始新世初期，也起源于裸节目，最原始的代表为古偶蹄兽(*Diacodexis*)，它个体小、四肢短，脚上有4个起作用的趾，头骨大，犬齿比较发达，颊齿低冠。经新生代早期的分异演化到第四纪反刍类达到了空前的繁盛时期，包括各类鹿类和牛羊类，这是现代偶蹄中最多样化的一类。骆驼起源于北美，随后分布到南美和欧亚，体型变大，偶蹄变为宽阔的肉垫，适于在柔软的沙漠上行走。骆驼也是反刍动物,它与真正的反刍类分化甚早,而且一直独立进化。

原古猪(*Propalaeochoerus*)是最早的猪类之一,发现于欧洲的渐新世初期。到新生代中期和晚期,它们沿着很多方向发展,但都有相似的生活习性,是一些原始森林的动物,它们大部分时间里在寻找食物,至今各洲还有许多野猪分布。在人类社发展早期,猪已被农家驯养,家猪的祖先可能是亚洲猪,只是近几千年来它们被移至世界各地。

2. 高级灵长类与人类起源

高级灵长类动物包括猴、猿、类人猿及人本身。人属于哺乳动物的灵长目,而猿、猴类也属于灵长目。在灵长目中通常又分原猴亚目和类人猿亚目,其中原猴或古猴,始于始新世,约4000万年前,直到现在演化成现代猴类。另外,类人猿又有三条支系,即阔鼻猴类、狭鼻猴类和人猿类,分别演化出现存人猿超科、猴超科、长臂猿科、大猿科和人科。其分类可用图4-10所示的路线来表示。

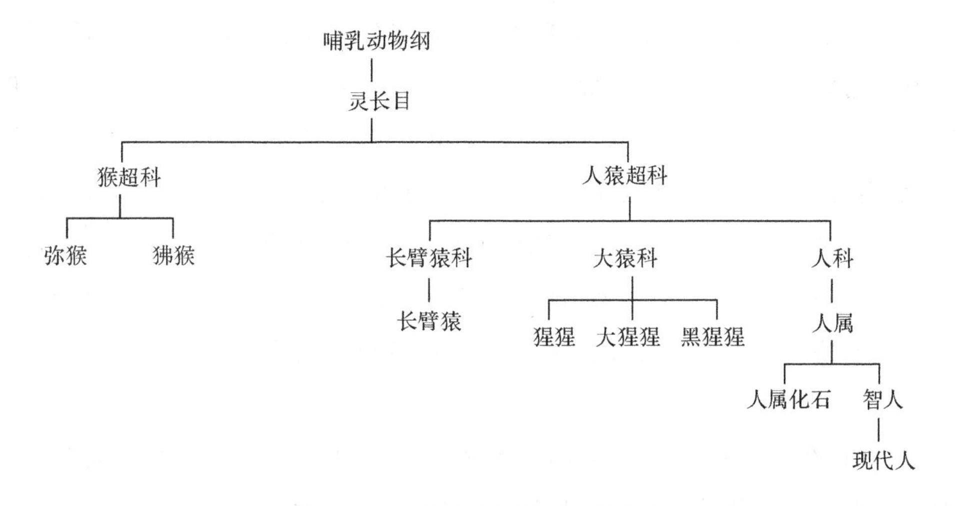

图4-10 高级灵长类科、属分类关系

灵长类祖先,根据过去的化石,视为原猴或埃及古猴,始于4000万年前的始新世晚期。前些年,我国人类考古学者在长江下游江苏溧阳发现在4500万年(始新世中期)的中华曙猴,亦是一支高级灵长类动物的祖先,比古猴早500万年。随后,一般认为腊玛古猴始于1500万年前是最早古人类化石,还有肯尼亚古猴化石也发生在中新世时期。类人猿与大猩猩、黑猿猿是近亲,根据血清学和DNA核苷酸序的测试研究表明人与猩猩的分支进化出现在700—1000万年期间,犹如一对兄弟才分道扬镳。人类能走上这样主宰今日世界之成功演化,确是一个奇迹!

第二节 生物进化依据

一、比较形态解剖学

早在19世纪,比较解剖学作为分类的重要依据得到发展并在器官发生学上支持了进化论。用比较解剖学方法研究各种动物和植物器官,常常可以发现它们具有基本相似的形态、结构与功能。例如,脊椎动物都有脊椎和特化的心脏,如果仔细观察,脊椎动物从鱼类、爬行类到鸟类、哺乳类的生物进化,而脊椎和心脏的结构功能变得复杂与相应完善。哺乳动物雌性都有乳房、子宫胎盘生育和哺乳妊娠期的共同特点。灵长类与人类的四肢躯体形态及内部的呼吸系统、血液系统、排泄系统以及生殖系统都甚相同,并且在外貌上的喜怒哀乐行为方面都有相似性,这就表明人类与灵长类的猴、猿有较近的亲缘关系。

然而,在不同种类的生物体内,有些器官在外形和功能上有很大差异,但其内部结构与胚胎发育具有相似性,这些器官叫做同源器官,例如鸟类的翅膀与哺乳类的前肢,其骼结构基本一致,它们均起源于原始的爬行类。与此相反,有些器官虽然外表相似,功能相同,但内部构造和来源却是不同的,这些器官称为同功器官。例如,鱼鳍与鲸鳍,同呈现双桨形态,利于拨水前进，但内部结构和来源很不相同。鲸是哺乳动物，因长期适应于海洋生活而四肢退化成划水的鳍，但它的生理结构未变，仍用肺呼吸、胎生、哺乳，就这些同源器官或同功器官的变化通过形态解剖观察也可作为生物演化的一种证据。

在脊椎动物的循环系统中，它们的排泄器官不再是昆虫的马氏管系统，而是成为有高度集中的肾脏。身体各部的代谢废物由血液运送到肾浓缩后，从输尿管排出(图 4-11)。在蛙类、爬行动物和鸟类中，左右两输尿管连于泄殖腔。这种泄殖腔与生殖腔共用是低等脊椎动物特有的结构。当脊椎动物进入哺乳动物时，它们的泌尿排泄腔和生殖系统完全分开，图 4-11 为人和鸟的排泄系统之区别。

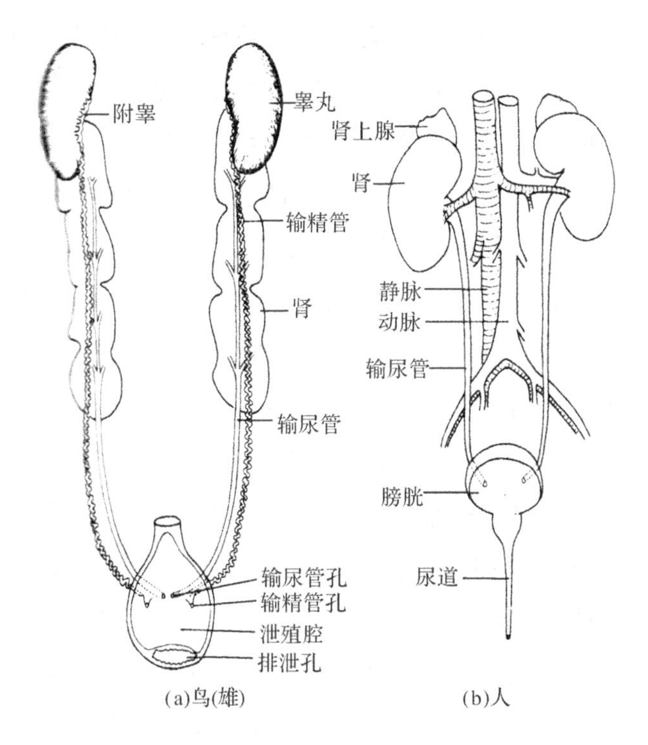

图 4-11　鸟(雄)和人的排泄系统

高等植物的基本器官是根、茎、叶和繁殖器官花、果实(种子)远比高等动物结构简单。高等植物器官发生学认为水生绿藻类到陆生植物可能经过裸蕨类二叉分式的进化，茎是植物的最基本器官。从基上长出小叶，从根状茎生出根的分枝，逐步演化出真根。被子植物则从裸子植物进化而来，种子中的胚以具备复杂而分化的植物体，即胚根、胚轴和子叶。胚珠的发育具有同动物受精卵发育一样可以找到进化的源头。胚珠发育而成种子，其中胚发育为胚体，珠皮发育成种皮起保护作用。所以，被子植物种子有性后代比裸子植物进化。植物界的最大共性，从低等到高等都有叶绿素（或叶绿体）和光合作用功能，并系着一条进化之线索。

二、胚胎发育

所有高等动物和植物胚胎发育都从受精卵开始，这说明动植物的有性生殖的精卵细胞的进化有其相同的源头。胚胎学为生物进化提供了大量的有力证据。生物的个体发育重演了系统发育，这个规律是先由德国的海克尔（Haeeke）所提出的（1866）。脊椎动物的胚胎发育相似性，从个体发育反映了系统发育，是生物进化的一个重要依据。譬如，鱼类、两栖类、爬行类、鸟类、哺乳类和人，彼此间在形态结构上有相当显著的差异，但它们的早期胚胎却很相似，都有鳃裂和尾，分辨不出来鱼鳍还是鸟翼。只是在它们各自往后的发育过程中才出现越来越明显的不同形状。其实，人的胚胎发育也是很快的，60 天后，器官开始分化，已初具人形，即叫胎儿。只有在 25 天前为初分化期，呈弯钩状肉球，难以与其他动物相区别。至今还有人认为高等动物早期发育的有鳃裂期的论证是一个假象，为观察技术不够准确所致。人胚胎发育的前期头部特别大，大脑开始分化，尾巴稍后消失，与哺乳动物出现了明显差异。仅就此这些也已能说明脊椎动物具有共同祖先，而人类则从有尾的动物发展而来。至今，有个别孩子生下来全身有毛或留有小尾巴，称之为返祖先象。图 4-12 所示是几种脊椎动物胚胎发育外形比较的经典图。这个脊椎动物胚胎发育图，尽管有点粗线条，但还是能够说明问题的。

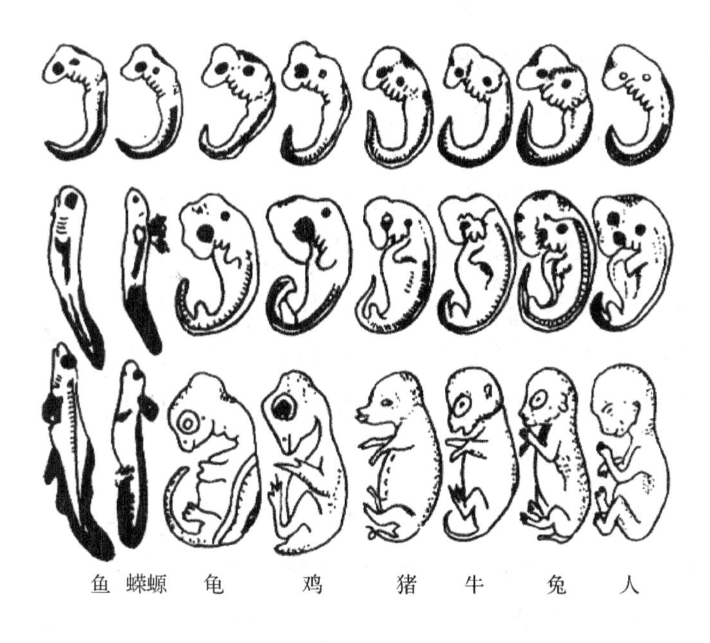

图 4-12　儿种脊柱动物胚胎外形比较

我们若从羊膜卵的出现到有胎盘动物的生殖进化源头去观察，可以补充以上各类动物胚胎发育之实质，羊膜卵是适应陆地生活的爬行类、鸟类所特有的卵生，而哺乳动物的胎生更是征服陆地生活的一个重要标志。然而，从爬行类的卵生，卵孵化到哺乳动物的胎生哺乳，仍保持胚胎的相似性，只是在生殖进化上达到更高级、更完善阶段。人类和灵长类也都是胎生哺乳动物，它们在胚胎发育上的相似性更大而有别兽脚类的哺乳动物。不管怎么样，各类动物胚胎发育相似性以及个体发育反应系统发育的重演的特性法则是广泛存在的。又如马的祖先曾经历过"三趾马"阶段，而 5 个月的马胚胎每肢也具三趾，出生前变为单趾。这种系统发育的重演现象，不仅反映在形态变化上，也反映在生理生化方面。例如，在鸡的胚胎发育中，早期的排泄物是氨，为鱼类的排泄物，稍后是尿素，为两栖类的排泄物，再后是尿酸，为鸟类为排泄物。这是多么神奇的胚胎发育的排泄物的演化程序啊！

三、细胞遗传与生化

1. 细胞遗传学

物种染色体组的构成称为核型。每种生物染色体数目和形态都是相对恒定的，可以了解生物进化等级的差别上。例如，大肠杆菌染色体只有 1 个，最为古老原始，果蝇染色体有 8 个已有所增加；小鼠染色体数为 40 个，而人体染色体数有 46 个达到最大数，它们之间亲缘关系疏远。总的来说，生物的染色体数从低等到高等逐步增加，这是与染色体上的 DNA 执行更复杂的基因功能的表达有关。

根据染色体的特征，在分类上，可采用核型分析比较法来鉴定相关的亲缘关系。例如，小麦属（*Triticum*）中单粒型小麦（*T. triticum*），2n＝14（n＝x＝7），染色体型为 AA；二粒型小麦（*T. durum*），2n＝28（n＝2x＝14），染色体型为 AABB；软粒小麦（*T. lugare*），2n＝42（n＝3x＝21），染色体型为 AABBDD。这三组在进化上有亲缘关系。又如人、大猩猩、黑猩猩和短尾猴的体细胞染色体十分相似，但每条染色体在形态结构和内容上有所差异，其中，人的第 7 条染色体上具有的 A、B、C、D、E、F、G7 个片段，在大猩猩、短尾猿相关的染色体上都有，但染色体结构以大猩猩和黑猩猩与人染色体最相似，由此得到人与大猩猩的亲缘较之短尾猿近。再者，根据人类与黑猩猩 DNA 基因子序列碱基对测定绝大部分是相同的，只有 1.6％～2％的差异，也表达了亲缘关系。

在高等植物中，染色体的多倍体是形成新种的一个重要途径，在这些类群中，经常依照染色体的数目而形成系统。例如，小麦属的染色体基数 X＝7，而单粒小麦、二粒小麦和普通小麦的体细胞染色体分别为 14、28 和 42，这三种模型形成一个系统，后两者皆为多倍体。当然，多倍体的产生，还有特殊用途，如普通西瓜为二倍体（2n＝22），其产生的配子有 11 条染色体，即 1n＝11；当普通西瓜染色体加倍（如用秋水仙碱溶液诱导）得四倍体西瓜为母本(配子 2n＝22),普通西瓜为父本(配子 1n＝11)杂交产生三倍体西瓜(3n＝33),因为它不能产生能育的配子,不能正常结子,即无籽西瓜。

2. 生物化学

(1)免疫

什么是免疫?例如婴儿出生后如不种牛痘,就可能感染天花,种了牛痘,对天花有了抵抗能力而不发病。如果感染了天花病愈后终生不再患天花。这种抵抗疾病的机制为免疫。

按照免疫学原理,当天然蛋白或其他抗原引入动物体内,通常以家兔为对象,将激起动物体产生特异性的抗体。抗体与抗原结合形成沉淀。利用抗原一抗体反应的强弱比较,可以把不同物种的亲缘关系测定出来,并用数字来表示。有实验表明,用人的血清作抗原使家兔免疫,获得了对人体的抗血清,再用这种抗血清滴定几种动物的血清,可以得到一种可比较的数字(表 4-2)。此表的滴定比值以人血清 100 为计,其中黑猩猩的比值最高,长臂猿、狒狒次之,随后是猴子而其他两类甚低。这表明猩猩与人类亲缘最近。这种血清滴定法用于分类学上,可判别物种的亲缘关系。

表 4-2　人抗血清与动物血清的滴定比值

动物名称	黑猩猩	大猩猩	长臂猿	狒　狒	蜘蛛猴	狐　猴	念蚁兽	猪
比　值	97	92	79	75	58	37	17	8

(2)细胞色素

细胞色素是一个具有 104～112 个氨基酸的多肽分子。从进化上看,细胞色素 C 是保守的分子,它在酵母菌中就出现。据估计,它的氨基酸顺序每 200 万年才发生 1%的变异,这说明利用细胞色素 C 完成的细胞呼吸系统是一个古老的过程。不同生物的细胞色素 C 分子中氨基酸的组成和顺序反映出这些生物之间的亲缘关系。在所查的十几种生物中,细胞色素 C 分子中有 27 个氨基酸残基是相同的,其余氨基酸则随生物的不同而有不同程度的差异(表 4-3)。例如,人与猕猴相差一个,与鱼类相差 20 多个,与酵母菌相差更大,而人和黑猩猩的细胞色素 C 的氨基酸组完全一样。

表 4-3 几种生物细胞色素 C 的氨基酸组成与人的细胞色素的差异

生物名称	氨基酸	生物名称	氨基酸差别
黑猩猩	0	金枪鱼	21
猕猴	1	天蚕蛾	31
狗	11	链孢霉	43
鸡	13	酵母菌	45
响尾蛇	14		

这些数据表明了这些生物的同源性,也说明和猩猩血统关系最接近,而和猕猴的血统关系稍远一点,和鱼类的血缘更远。

(3)核酸

近些年,从核酸水平上探讨生物进化也取得不少证据。在生物进化过程中,从低等到高等,DNA 的含量是逐渐提高的,因为高度发展、结构复杂的生物要维持它的生命和繁衍的种族,需要大量基因和蛋白质功能。如细菌的 DNA 含量只有哺乳动物的万分之一,而碱基对相差千分之一。而且,许多基因只存在高等生物中,例如,血红蛋白、结合球蛋白和免疫球蛋白的基因都是生物进化的产物。用 DNA 分子杂交技术测定不同物种间的相似性,以反映物种间的亲缘关系。科学家想通过 DNA 的核苷酸测序以确定现代人种与猩猩之间的差异,特别想对 3 万年前消失的尼人遗骨中片断 DNA 扩增检测,以确认与现代人的亲缘关系,这些都是很有意义的工作。

四、化　石

化石(fossil)是古代埋藏在地层中的动植物遗迹,在一定条件下,矿物质沉积其中而成为化石。它记载着地球的演化历史,也记载着生物的演化历史。所以，化石是生物进化的重要依据。人们判断生命起源于太古宙，就是因为在叠层石中找到原核细菌化石。寒武纪的生命大发生就在奥陶纪地层中找到多细胞三叶虫、海绵、珊瑚、棘皮动物、腕足动物的化石。20 世纪后半期，我国考古学者在云南的古生代地层中找到寒武纪生命大爆发留下的相应的多细胞化石。中生代是爬行动物时代，也是恐龙大发展而后期又突然大绝灭，至今，各种恐龙化石、恐龙蛋化石可在全球广大范围内找到。

中国是世界上最多恐龙化石种属的国家，已发现近百种恐龙骨骼化石，恐龙多达 40 多种类型。再者，河南西峡盆地已查明的恐龙蛋化石就有 8 种 12 属 25 种，多达万余枚，堪称恐蛋巢穴。这么多未能孵化的恐龙蛋能否帮助我们找到恐龙突然灭绝的原因呢?

长期以来，关于鸟类起源恐龙因缺乏化石的直接证据是颇有争议的。早在 1861 年，德国 H. V. Meyer 在巴伐利亚州晚侏罗纪海相沉积的石灰岩地层中发现了世界上最原始的鸟类化石——始祖鸟（*Archaeopteryx*，图 4-6）。始祖鸟大小如鸡，具有与现代鸟类的相似羽毛和特有的叉骨，但有口含牙齿和多尾椎现象的存在。随后，新发现的原始鸟类化石资料很少。直到 20 世纪后半期，中国考古学者在辽宁、甘肃、新疆和内蒙古等地发掘了大量的鸟类和恐龙的化石群，对中生代鸟类发生和早期演化进行了研究，这在前面已经提及。他们认为这些鸟类发生于 1.2～1.3 亿年前，至少延续了 1000 万年，呈现出鸟类发生以来的第一次大辐射大演化。其中，中华龙鸟被视为最早带羽毛的恐龙化石，为鸟类的恐龙起源假说提供了直接证据。

人类起源于类人猿说法始于达尔文时代，它有赖于现存灵长类动物与人的相似性。关于人类的由来与演化，是一件非同寻常的事，需要寻找直接的人与猿演化过程的化石。科学家现已发现非洲的南方古猿化石，距今约 400～500 万年，被视为最早祖先之一。随后，距今约 25～200 万年前的直立人和智人化石在非洲、欧洲和亚洲都有广泛分布。现代人则始于 4 万年前至 1 万年前的演化，即以新石器时代的开始。我们将另有专门论述。

五、古 DNA 的揭示

动物分类学家重视绝灭动物的 DNA 信息，以此来解决一些仅用现代 DNA 无法解决的分类与进化问题，取得了进展。如象亚科的分类长期以来有争论，通过对距今 9000～50000 年的冰冻组织标本和风干骨头中获取的猛犸象(*Mamuthus primigenius*)DNA 序列分析表明，猛犸象与现代象有亲缘关系，但它又是一种特化的生物类群。从已绝灭的美国乳齿象(*Mammuit americanum*)与猛犸象化石中获得线粒体细胞色素 b 基因系列作为外类群分析象亚科内现代亚洲象和非洲象的系统发育关系，证实现生亚洲象与已绝的猛犸象之间的亲缘关系密切。对灭绝的澳洲袋狼(*Thylacinus cynocephalus*)的 mtDNA 揭示其他有袋动物的亲缘关系比与南美的肉食动物更近，这意味着澳洲和南美洲的有袋动物的许多相似特征可能是两个大陆独立进化的结果。

研究古 DNA 可以帮助我们了解古代农业在动植物驯化过程的历史变化。英国曼彻斯特大学科技学院 Brown 等(1994)对小麦驯化过程中的研究发现，在其栽培历史前 8000 年中，基因表现出很高的多样性，但在最近 1500 年中，小麦基因已经大部分遗失，逐步形成一个种，大约在 100 年前，这个种的基因库基本稳定下来。亚洲栽培稻中籼粳两亚种的起源一直存在争议，日本佐藤(1998)对古 DNA 分析获得一些新认识。如距今 7000 年以前的浙江余姚河姆渡遗址、江苏高邮龙虬遗址出土炭化米中提取的古 DNA 分析结果表明遗址中的栽培稻为粳稻型；另外，日本的栽培稻一直认为是从中国传入的，但从绳纹文化时期(公元前 9000～2500 年)遗址中的炭化米和稻叶的古 DNA 研究表明，当时的栽培稻中有热带粳稻，这一结果对认识日本稻作农耕文化起源会产生很大影响。

Kahila 等(2002)对新石器时代山羊的驯化过程进行了研究，他们的材料来自以色列耶路撒冷的一个小村庄，得到了两个时期的一些山羊骨骼，即前陶器时代(约 9500—8000 年)和陶器时代(约 7500—5500 年),通过两类山羊骨骼的形态学和 mtDNA 的比较分析表明是一致的,也就是说前陶器时的山羊属于驯化前的野山羊,而陶器时代的山羊属于驯化山羊(*Capra hircus*)。同时,古 DNA 研究还成功地区别开了山羊的两个野生种:牛黄山羊(*Bezoar goat*)和努比亚野生山羊(*Nubian Ibex*),这是常规的形态学手段无法辨认的。

古 DNA 的研究是一个极富挑战性的工作,它不仅为我们提供了许多绝灭的生物 DNA 信息,可弥补缺失的生物进化谱系,探讨物种进化亲缘关系和变迁的由来,而且还可通过 DNA 分子残片进行扩增修补,为复活物种新生提供了必要条件。据 2006 年 8 月的一家新闻报道:美德科学家欲复活 3.8 万年前穴居人(尼人)的消息,初听起来是很惊人的。关于美、德科学家对尼人标本基因的研究前边已有提及。他们希望通过对黑猩猩、人类和尼人的 DNA 寻找什么样的基因造就了人类的特性。现已初步确认黑猩猩和人类的基因仅差 2%左右,而尼人和人类至少也有 98%是相同的,但这些差异仍有待确定。

今后,随着古 DAN 和基因工程研究取得进展,科学家提出复活灭绝的恐龙、尼人或其他生物的愿望,也不足为奇。但是复活物种必需获取 DNA 片段复制出全套基因,谈何容易,如复活尼人还有个伦理道德与安全问题,所以目前还只是个设想。

第三节 生物进化系统树

生物系统树亦称生物进化树,它形象地反映出生物从低级到高级的演化过程的一种图像表达。生物系统树有多种,目前主要有传统的生物系统树和分子系统学进化树两大类。对于系统树的各个分支表达则有各种各样的形式。

一、传统生物系统树

1. 二界、三界与五界系统

人类早期认识生物，早有动物和植物两类群之别。林奈的分类系统也将生物分为植物界和动物界两大类。随着生物科学的发展，人们认识到生物界有原核生物和真核生物两大类作为划分更为本质。

1969 年，R. Whittaker 根据细胞结构和营养类型将生物分为五界，即原核生物界、原生生物界、真菌界、植物界和动物界。1979 年中国陈世骧和陈受宜将生物依次进化阶梯分成 3 个界，即非生物总界（病毒以 RNA 为遗传物质，缺乏细胞结构）、原核总界和真核总界（以 DNA 为遗传物质），代表生物进化三大阶段。原核总界下分细菌和蓝藻之界；真核总界下分真菌、植物和动物 3 界，总共 6 界。目前，生物系统树一般采用五界系统，这是传统性的一种生物分类。

2. 生物系统树

传统生物系统树的表达方式多种多样，最简单的方式是用线条划分原核生物界和真核生物界而将其归类。

(1)原核生物界。包括古生菌、细菌、蓝藻、病毒，作为生物系统树的起点并与真核生物分界处划一条横线。这是重要的二界系统的区分。病毒是一种无细胞结构，仅含一种核酸（RNA 或 DNA），不能独立代谢活动而有赖于寄主复制的生命体，它可能由细菌脱变而成。

(2)真核生物界。包括原生生物界、真菌界、植物界和动物界，内容非常庞大，由两条水平线来划分进化层次。原生生物与藻类限定在中线以下，而真菌则置于中线以上。

(3)真菌界。真菌起源于原生动物，它的种族一直在适应进化，分布广大，作用很大。真菌常与细菌并提，但它是真核细胞，可没有色素，以寄生与腐生的方式为生，孢子繁殖等特点，故成为独立的真菌界。

(4)植物界。包括藻类、蕨类、苔藓、裸子植物和被子植物,其中被子植物有单子叶、双子叶,草本和木本广布全球,而有性种子繁殖与生态适应在进化上都是很成功的。

(5)动物界。除原生动物外,还有后生动物的若干主要门类和脊椎动物进化类型,包括鱼类、两栖、爬行、哺乳类、灵长类与人类。

二、分子系统学与分子系统进化树

1. 分子系统学

从生物大分子信息推断生物进化历史,并以系统树的形成表示出来,这就是分子系统学的任务。生物大分子进化主要指蛋白质和核酸进化。然而,生物分子进化有两个显著特点,即进化速率相对恒定和进化的保守性。譬如,一种鲨鱼自石炭纪以来(大约 3.5 亿年前)表型几乎没有变化,但其血红蛋白的 α 与 β 链之间差异量相同(人为 147 位点的差异,鲨鱼为 150 个)。这说明分子进化速率(即指大分子一级结构的改变速率)远比表型进化速率稳定。再者,DNA 密码子中的同义替换比变义替换发生频率高,因为前者不会引起对应的蛋白分子氨基酸顺序的任何变化。所以,大肠杆菌和高等生物基因中的启动区域转录起点的保守区很少发生替换。

构建分子系统树的方法与表型系统树方法基本相同,只是具体操作有所不同。传统生物系统树是建立在林奈分类学之上的界、门、纲、目、科、属、种的分类理序及其亲缘关系,有主干有分叉而表达。分子生物系统的构建,源于真核细胞内共生学说。他们比较了 200 多种原核生物和真核生物的 tRNA 和 rRNA 的核苷酸序列,也比较了它们某些蛋白质的氨基酸序列,发现细菌可分为截然不同的两类,即古生菌和细菌。由此认为真核细胞不是来自原核细胞,而远在原核细胞生成之前,两者就已分开了。

2. 分子系统进化树

根据内共生学说,某些原始的厌氧生物以吞食其他原核生物为主,有时它们能容忍所捕获的原核生物在体内生活下去，结果被吞食的原核生物变成了细胞器。分子系统学的研究也支持了真核细胞的内共生起源说，因为现代动物和植物的细胞器内的线粒体和叶绿素具有自主的活动。它们的DNA为环状，核糖体为70S，这些都与细菌、蓝细菌相同。这项工作是由C. R. Woese等人在20世纪七八十年代进行的研究，直至1990年正式提出了细胞生命三域学说的谱系进化树(图4-13)。这就是说生命发生拥有一个原始细胞共同祖先，但很快出现古生菌、真细菌和原真菌三个分支，否定了真核生物原于原核生物的传统认识。真核真菌则演化出复杂的多细胞生物。迄今，无论是分子进化中性论，或是16S rRNA(原核生物)、18S rRNA(真核细胞)和mtDNA测序提出的古生菌三大进化类群，这些都是分子系统学的观念。

分子系统进化树最大的修正在于：①确立了三大各自菌类的三个分支的新三界生物起源学说。②给古生菌和真细菌各自的独立进化系统和地位，比较好地解释了至今广泛分布于海洋和极端环境的甲烷细菌、嗜热、嗜盐细菌。嗜酸细菌，即古生菌原始性与其延续。③揭示了蓝藻、原绿藻与藻类及植物在光合系统方面的演化关系。④真菌与原生动物是植物界和动物界的演化主干之路。

当今动植物分类学很重视分子系统的建立，希望从灭绝的动植物的DNA获取遗传信息。如象亚科的分类长期以来有争论，通过猛犸象的古DNA序列分析表明，猛犸象与现代象有亲缘关系，但它又是一种特化的生物类群。Soltis等(1992)从落羽松(*Taxodium distichum*)的一份化石标本中得到了长为1320bp的rbcl片段，通过与现存落羽松rbcl片段比较后，发现化石落羽松与现有落羽松存在11个碱基的差异。如果它们在1700～2000万年前拥有同一个祖先，那么这个rbcl片段的进化速率为每百万年有0.55～0.65个碱基被替代。根据这些结果，生物学家可以推测落羽松科内其他各个种的分化时间表。

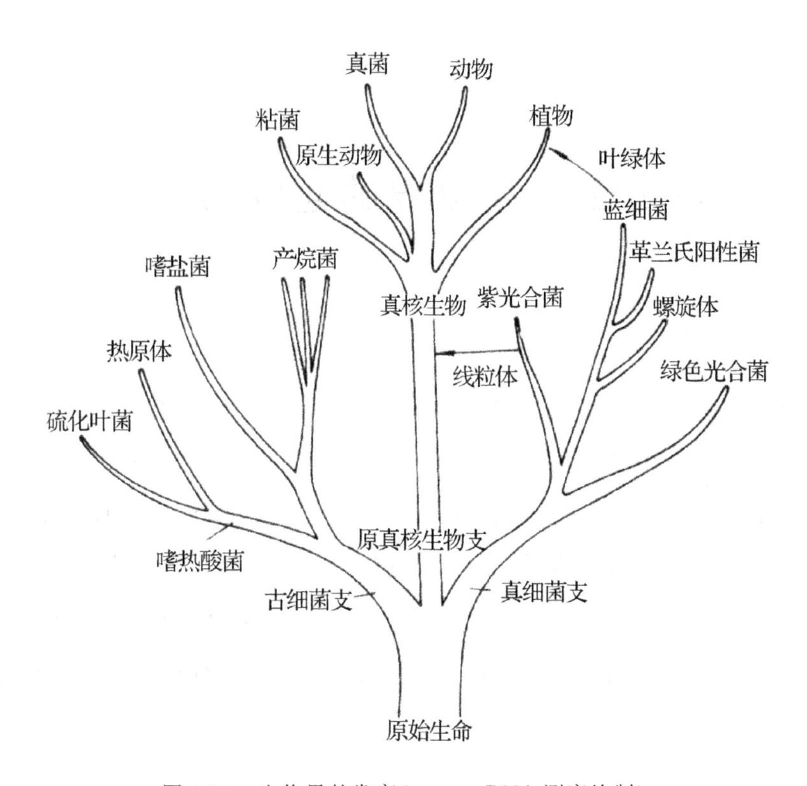

图 4-13　生物界的发育（woose rRNA 测序绘制）

以线粒体 DNA（mtDNA）序列构建进化树，在探讨人类起源问题上取得了进展，所有取代 mtDNA 存在 14 万年和 29 万年间。因为该祖先基因定位于非洲，则具有这些基因的人，被称为线粒体夏娃，她肯定是个女性（线粒体 DNA 仅仅是通过母系遗传），一定是非洲人。线粒体夏娃的发现对现代人类起源提出了一个新设想，即“走出非洲”假设。它不同于多地域假说所认为在世界范围平行进化。走出非洲理论认为：人类起源于非洲，其成员在 10 万年到 5 万年间移居到旧大陆的其他区，取代了它们遇到的直立人的后代，如尼人。所有这些工作都丰富了分子系统学内容，有助于分子进化树的扩大。

第五章　植物界的起源与演化

目前，地球上生长着的植物约有50余万种，但各类书本说法不一，其中高等植物（即维管植物）和低等植物（即藻类、苔藓），约各占一半，它们广布世界各地的山川、陆地、海洋，适应性强。绿色植物是地球上唯一能进行光合作用的生物（少数光合细菌例外），视为第一生产力，它吸收 CO_2 和 H_2O 在太阳光能推动下合成有机物质，并释放出 O_2，成为所有动物和人类赖以生存的物质基础。绿色植物从水生蓝藻、绿藻开始走向陆生经苔藓、裸蕨类植物过渡型而演化出繁荣昌盛的维管高等植物（包括蕨类、裸子植物和被子植物）。

根据藻类与植物化石和现存的藻类与植物的分类考据，植物界的发展可以划分为五个演化阶段：①藻类时代；②苔藓－裸蕨类时代；③真蕨类植物时代；④裸子植物时代；⑤被子植物时代。

第一节　藻类植物发生与演化

太古宙距今约38～35亿年，地球上开始出现了原始嫌氧细菌和蓝藻，直至古生代志留纪，是藻类植物发展与繁盛时期，由此经历了蓝藻、单细胞和丝状真核藻类、大型藻类等3个时代，为期长达30亿年之久。到志留纪晚期才有陆生的裸蕨出现，这说明从原始生命发生后，经过一个漫长的地质年代，藻类植物的繁荣和由水生到陆生的演化。现存藻类估计有1.8万种，它们分属于绿藻类、硅藻类、金藻类、红藻类和褐藻类。

一、原核藻类发生

1. 原核生物

凡细胞不具真核，仅为原核结构特征的生物均为原核生物，包括古生菌类、真细菌、放线菌、蓝藻（即蓝细菌）和原绿藻。细菌结构简单，有细胞壁、细胞膜而没有细胞核和细胞器，在细胞质内，有一个环状的DNA分子位于特定区内，称为类核体。所以，原核生物是很原始的生物体，但它们依然是现在自然界中数量巨大和分布广泛的生物类群。原核生物为微生物中的一大类群，个体都非常微小，一般仅1至几个微米，大多为球状、杆状或螺旋状。原始生物具有多种营养方式，大多数是化能异养生物，它们从有机物化合物中获得能源和碳源。原核嫌氧细菌是最早发生一类细菌，只是很少留下化石。另一类是营自养方式，如蓝细菌和光合细菌可以通过光合作用，从太阳光能，固定CO_2，并放氧，它们是光能自养生物。有的原核生物如硫细菌、硝酸盐还原菌可以利用无机物如S、H、NH_3等氧化获得能量，因此是化能自养生物。

2. 蓝藻的作用

蓝藻（blue algae）又名蓝细菌（cyanobacter）。过去藻类学家把蓝细菌称为蓝藻，因为它含有叶绿素，能进行光合作用，很像藻类，但后来发现它们是原核生物而改称为蓝细菌。目前，这两种名称已习惯并用之。蓝藻是最大的一群光合自养原核生物，有别于其他原核生物，故独立表达，它包含丝状或单细胞细菌150属，约2000种，在分类地位与真细菌、古细菌、放线菌并列。

最早的蓝藻化石发现在南非的Swaziland的炭质页岩中，仅丝状化石，距今约32～33亿年，随后在澳洲的Wara Woona的碳酸盐岩中找到有层状

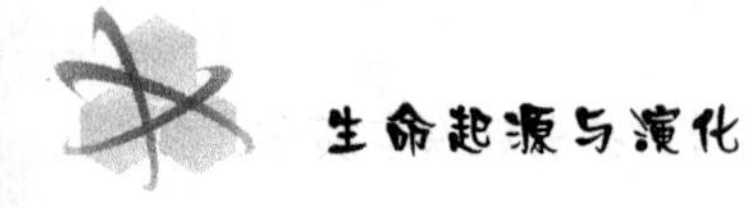

和柱状的叠层石(stromatolite),距今约33～31亿年。据分析,蓝细菌原始嫌氧细菌发生后不久几百年就可能出现。蓝细菌是介于光合细菌和真核植物间的中间类型,但未找到它们之间之演化依据。蓝细菌的原叶绿素分子与光合功能的出现,简直不可思议,它给原始地球生命带来了真正的光明,它是偷取天光的第一位宇宙种。这些原不起眼的单细胞蓝细菌自出现后很快占据了太古代的原始海洋,直到距今20亿年前后(即元古宙后期)才出现多细胞群体和丝状体,并有细胞的丝状体,开始有了某些生理上的分工和形态上的分化,如现在的念珠藻和鱼腥藻。图5-1所示为目前有代表性的三类蓝藻和细胞结构。

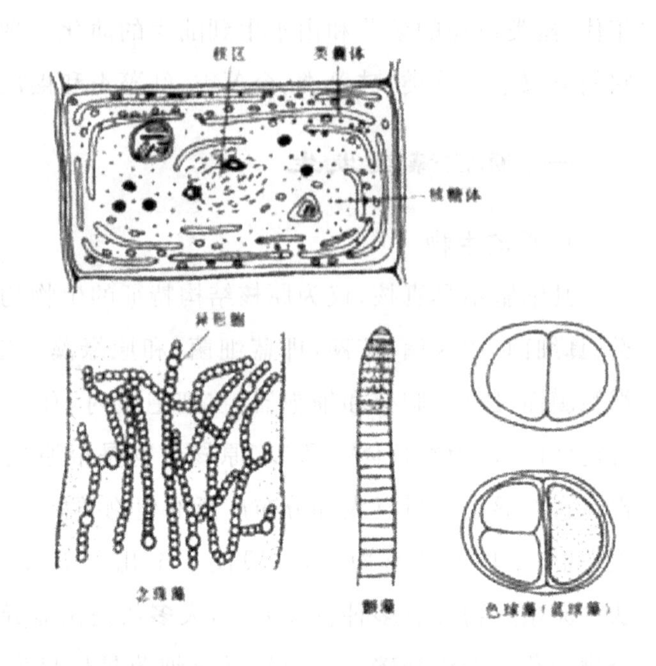

图 5-1　三种蓝藻与细胞结构

在距今15亿年前地球上的光合放氧生物仅有蓝藻,虽然此时有其他藻类出现,但蓝藻类种类和数量仍占统治地位,它的光合作用与放养增加了原始海洋有机质成分与大气中的氧气,同时,蓝藻又把大量 CO_2 转移到岩石圈中,建立了碳酸岩叠层石。一般认为蓝藻自7亿年前,开始明显衰落,其原因是与大气中含氧量增加和真核藻类竞争者的出现有关。

二、真核藻类的发生

关于原始真核细胞起源，有一种说法是：原核生物通过细胞内共生途径进化而来，因为现在的动物、植物的细胞器内的线粒体和叶绿体具有自主性的活动。关于真核藻类的起源和发展，目前暂无定论。根据化石和有关资料，认为真核藻类出现于距今14～15亿年前。它们是从单细胞个体发展到单细胞群体，再向多细胞方向发展。在距今约9亿年前出现了藻类的性分化，7亿年前出现多细胞体，到寒武纪开始时各大类群藻类的进化趋势已基本形成。自真核生物出现至4亿年前这一段近10亿年时间，是藻类急剧分化发展和繁盛期，可称为藻类时代。

对于真核藻类的起源和发展，主要从光合色素角度去分析，提出几种演化观点，如图5-2所示。

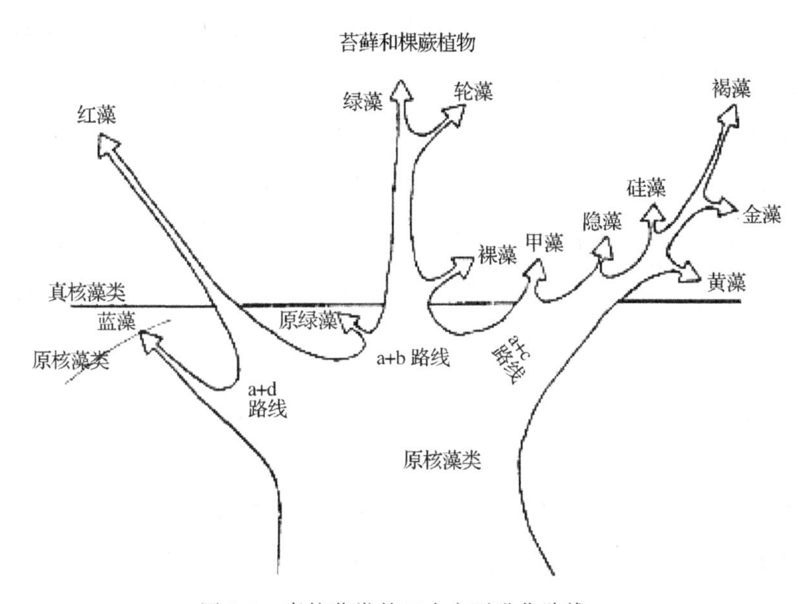

图5-2 真核藻类的三个主要进化路线

(1)由原核的蓝藻向真核类红藻演化。因为蓝藻与红藻都有藻胆素和叶绿素a，不含叶绿素b和c，细胞都不具鞭毛而一般细菌鞭毛。这样推测红藻可能由蓝藻演化而来或有共同的祖先。

(2)由原核的原鞭藻类向两方向的演化。已知原鞭藻类含有藻胆素和叶绿素a,具光系II,细胞具(9+2)型鞭毛。这种藻类有可能向两个方向演化:①向含有叶绿素c的真核甲藻、隐藻、硅藻、金藻、黄藻和褐藻演化,成为有a、c叶绿素的藻体;游动细胞两条侧鞭毛都是一条尾鞭型和一条茸鞭型。②向含有叶绿素b的原绿藻类演化,再进化出裸藻、绿藻和轮藻,成分有a、b叶绿素的藻体。真核藻类的发生先后,最早的是红藻,其次是含叶绿素a和c种类,最后出现的是叶绿素a和b的种类,即高等植物所具有。

第二节　苔藓和蕨类植物发生与演化

苔藓和裸蕨都是过渡性陆生植物。苔藓虽有类似叶分化而没有真正根的分化,也没有维管组织,植株矮小。裸蕨植物也没有真正的根、茎、叶分化,根被视为假根,茎轴中央只有细小的维管组织,为原生中柱形结构。裸蕨类植物并不属于真蕨类植物。裸蕨与苔藓之间也没有直接演化关系。人们把有维管组织的植物叫高等植物,所以,裸蕨、真蕨类植物划归于高等植物而藻类与苔藓植物属于低等植物,但裸蕨是低等植物向高等植物过渡类型。

一、苔藓植物

目前生存的苔藓植物约23000种,分为苔纲和藓纲。地钱(*Marchantia*)是常见的苔纲植物。配子体绿色、叶状如钱、叶顶端分叉,长约6～10cm,有光合作用功能,叶底面有假根伸入土中,吸收土中水分和无机盐。地钱雌雄异体,各自分化出精子器和颈卵器。在生殖细胞成熟时,精子通过水液游入颈卵器与卵结合成二倍体的合子。合子在颈卵器中分裂分化成二倍性的孢子体。孢子体落入土中,先发育成原丝体,再生长成叶状体,即配子体。

关于苔藓植物的起源有两种看法:一种主张苔藓来自绿藻,因为苔藓植物生活史中的原丝体在形态上类似丝状绿藻;苔藓与绿藻的光合色素、叶绿体结构、游动孢子细胞具等长鞭毛的相似性。后来又发现了某些介于两者之间的化石,如藻苔(*Takakia lepidozioides*)和结节佛氏藻(*Fritschiella tuberosa*),可能是过渡类型的植物。另一种是视苔藓由裸蕨退化来的。裸蕨植物中的鹿角蕨属和莱尼蕨属没有真正的叶和根,只在横生茎上有假根,与苔藓十分相似。而鹿角蕨属和孢囊蕨属的孢子囊内有一中轴构造,与苔藓的角苔属、泥炭藓属的孢子囊中的蒴轴很相似。苔藓没有输导组织,而裸蕨的输导组织很弱或消失。此外,苔藓植物化石出现要比裸蕨早数4万年,也说明苔藓早于裸蕨发生。苔藓植物是水生藻类着陆演化的先驱,它的配子体叶状,无根茎之分,但有性生殖却出现了精卵结合的有胚形式,它不是维管植物直接演生的祖先。

二、裸蕨植物

目前,已知的裸蕨化石有三种类型,即莱尼蕨型、工蕨型和裸蕨型。莱尼蕨(*Rhynia*)被认为是最早出现的原始类型的代表,工蕨(*Zosterophyllum*)是生存于早泥盆纪的类群,而裸蕨(*Psilophyton*)可能由莱尼蕨型演化来的,其个体比莱尼蕨更粗壮而结构亦较复杂。裸蕨植物是泥盆纪早、中期占优势的陆生植物,种群很多,也是造煤主要时期,灭绝于泥盆纪晚期。

裸蕨化石是最早被发现的陆生维管植物,可视为高等植物原始型。这类植物形态结构简单,没有真正的根、茎、叶分化,其孢子体是由地上二歧分叉的主轴和地下毛发状的假根组成,轴中央有细弱的维管组织,孢子囊单生枝端,孢子同型。

关于裸蕨起源,有两种说法。一种是由苔藓演化而来,因为裸蕨植物与苔藓的泥炭藓、角台形态结构很相近。另一种认为裸蕨与绿藻都相同的叶绿素，贮存物质为淀粉，而细胞壁的主要成分都是纤维素，可能直接起源于绿藻。目前，大多数人认为裸蕨与苔藓植物之间没有直接演化关系，它们很可能起源于同一个具有等世代交替的古代绿藻，然后向着两个方向进化。一个是朝着生活史中配子体占优势，孢子体寄生于配子体上，孢子体形态结构趋向简化的方向发展，最后形成苔藓植物。另一个方向朝孢子体占优势，而配子体趋向简化的方向发展，最终演化出裸蕨植物。现在看来，苔藓植物还处于原始维管组织，配子体优势，而孢子体不能独立，不能广泛适应陆地环境，因而至今仍保持了矮小体

莱尼蕨没有叶与真根的分化，植物体只有单生或二歧分枝的茎，维管组织也没有形成茎，顶端着生孢子囊，孢子同型（图 5-3）。所有形态结构要比裸蕨原始些，故认为裸蕨（含鳞木、封印木）是由莱尼蕨演化而来的。关于叶片的发生演化，有一种为“顶枝学说”，认为具有叶柄及分枝叶脉的大型叶是从等二叉分枝，经“越顶”，形成不等二叉分枝，所形成侧方向较弱的枝作为大型叶在演化上发端时期，再经其“扁化”使侧生枝生于一个平面上，最后再经“扁化”使分叉之间联合产生扁平而具有二叉分枝状脉序的片（图 5-4(a)）。那些无柄只具单一叶脉的小型叶，则认为是起源于原始的顶枝束，只不过是由二叉分枝的退化、衍生而已。还有一种“突出体学说”，即认为小型叶是从无叶顶枝表面突起，从原生中柱侧向产生单叶脉的叶片（图 5-4(b)）。

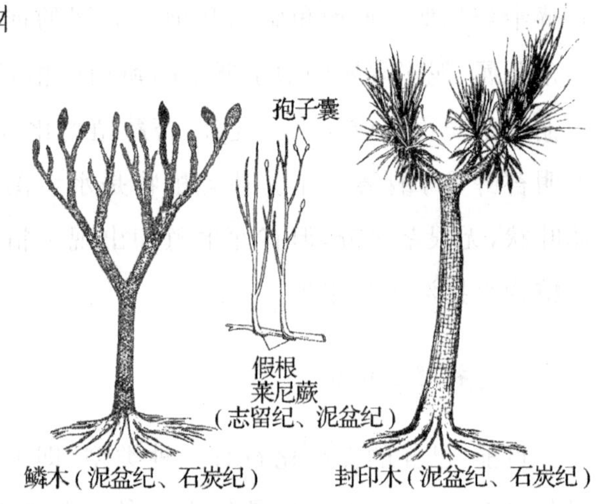

图 5-3　莱尼蕨形态结构

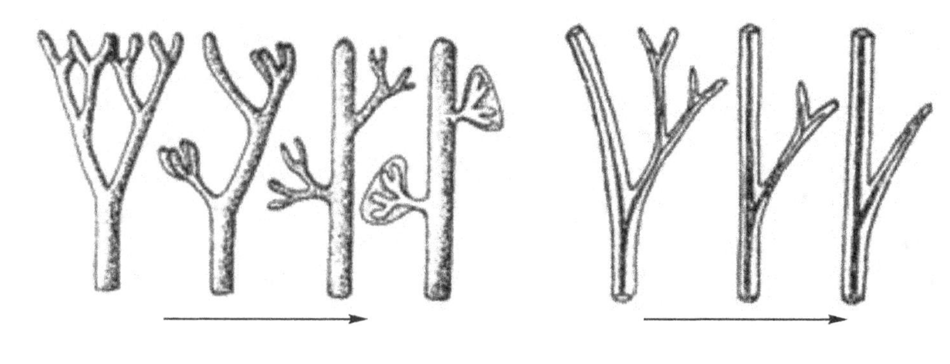

(a)大型叶的起源　　(b)小型叶的起源

图 5-4　叶片的起源图解

三、蕨类植物

蕨类植物(fern)是进化水平最高的孢子植物，与苔藓植物最大区别是形态上具有真正的根、茎、叶，植物体内有维管组织分化。它与种子植物一起总称维管植物(vascular plant)。但它与种子植物不同不产生种子，其繁殖器官是孢子体上的孢子囊，其产生孢子作为繁殖体。蕨类植物包括原蕨植物、石松植物、节蕨植物、真蕨植物四门类。

1. 原蕨植物

原蕨植物门是最早而原始的陆生高等植物，一般株体矮小，无明显根茎叶之分，茎轴二歧式分枝。茎内结构简单，为原生中柱组织，体积小，无次生组织。孢子囊位于枝的顶端，或侧成穗状，为节蕨和真蕨的结构与进化有较大差别，有如介于苔藓与蕨类植物之间过渡性的维管植物，然而，它在志留纪、泥盆纪又很繁盛，在地质发生史上很有地位，所以在植物界演化上可分开叙述。

2. 石松植物

石松植物茎为二歧分枝，星状原生中柱成管状中柱。叶为小叶，密布于茎、枝，呈螺旋状排列，单脉。孢子囊单个着生于孢子中的叶脉或叶上表面基部，孢子叶穗着生于顶枝。石松类始于距今约 3.7 亿年前。早泥盆纪，星

图 5-5　石炭纪最初陆生植物的景观

木属(*Asteroxylon*)可作为原始石松类的代表,植物形态结构与裸蕨相似,但孢子体分化程度更高。据考石松类植物后来分别向草木和木本两个方向演化。草本的演化:先形成原始的刺石松和苏氏拟卷柏,再演化成现在的石松(*Lycopodium*)和卷柏(*Herba selaginella*)两大类。木本的演化,即衍生出鳞木(*Lepidodendron*)和封印木(*Sigillaria*)等高大乔木,是中石炭纪主要的沼泽森林和造煤植物(见图 5-5),到中生代木本的石松类植物几乎全部灭绝。

3. 节蕨植物

节蕨植物为单轴式分枝茎,为管状木柱组织明显分节和节间,枝和节部伸出,单叶轮状排列。孢子囊着生在孢子囊柄上,并聚成囊穗为同型孢。节蕨类与石松植物始于早泥盆纪,繁殖于晚泥盆纪至早二叠纪,它们在地质史上趋于平行演化,种属很多,不仅有草本类型,如木贼和石松(图 5-6),而且还有次生结构的高大乔木类,如芦木和楔叶木等。

木贼目是节蕨植物门中最大的一类。曾出现过乔木、灌木和草本,主要特征是分枝大多呈轮状排列。现代仅存一属,即木贼(*Equisetum*)约 300 余种,全是草本。

图 5-6　木贼和石松形态图

4. 真蕨植物

真蕨植物门（*Pteridophyta*）是现代生存的蕨类植物中数量最多的植物。它的最突出特征是有大型的羽状复叶，孢子囊不聚成穗而是单个或成群着生于叶的下表面。孢子体发达，有根、茎、叶的分化。根为不定根，除热带雨林树蕨具有粗壮直立茎外，茎均为根状茎。配子体形小，绝大多数为背腹性叶状体，心脏形，绿色，有假根。精子器和颈卵器均生在腹面；精子螺旋状，具多数鞭毛（见图 5-7）。

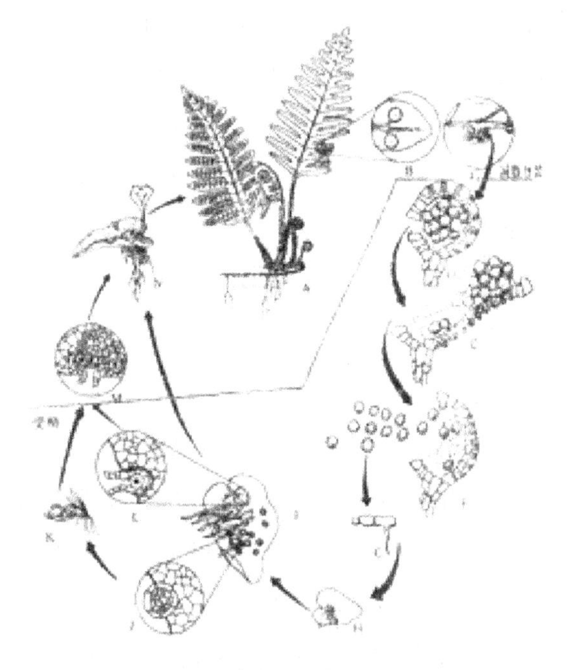

图 5-7　真蕨形态与生活史

真蕨类也出现于早泥盆纪，盛于石炭纪至二叠纪，古蕨类大多已绝迹，但在中生代二叠纪和侏罗纪却又演化出一些能够适应新环境的种系，一直延续到今天。因此，原始蕨类在形态上很可能介于裸蕨类和真蕨类之间的类型。真蕨是现存蕨类中最广泛分布的一群，有 1 万余种；我国有 56 科，2500 多种，大多为一年生和多年生的草本植物。它们的常见种有瓶尔小草、观音坐莲草、凤尾蕨、蕨、鹿角蕨、桫椤、水龙骨、石松、木贼、铁线蕨、贯众、苹和水生物、满江红等。

第三节　裸子植物发生与演化

裸子植物(Gymnosperm)是介于蕨类植物和被子植物之间的一类维管植物，它发生于 3 亿年前的古生代泥盆纪中期，由蕨类演化而来。裸子植物的特点，能产生种子，但其种子裸露没有被果皮包裹(即无子房保护)，故称裸子植物。裸子植物在高等植物中是最小的一个自然类群，近 800 种，全是木本植物。通常可分为苏铁纲、银杏纲、松柏纲、红豆杉纲和买麻藤纲。由于数量少，故可分述之。

一、苏铁纲

苏铁茎粗短，通常不分叉，小数原始类型呈二歧式而多为单轴式分枝；具大型单羽状复叶，叶顶生，幼叶卷曲。大小孢子叶球单性异株，胚珠着生于孢子叶两侧多数。小孢子叶球果状，小孢子囊数个聚生于小孢子叶的背面；内种皮膜质，子叶二枝，胚乳丰富。由此可见，苏铁种子具有良好的保护性和繁育时的营养供给。

苏铁化石最早发现于晚古生代地层，中生代繁盛，时至白垩纪，古蕨类大部分绝灭。据考现生苏铁是由种子蕨经古生苏铁演化而来，延续至今仅存 10

属 100 多种。我国仅有苏铁科苏铁属(*Cycas*)约 25 种,常见的有苏铁(*C.revoluta*)和华南苏铁(*C.rumphii*)。当今的苏铁植物是一个十分衰退的种群。

二、银杏纲

银杏植物为落叶大乔木,单轴分枝;单叶扇形,二叉脉序。雌雄异株,具孢子叶球,精子多鞭毛。种子核果状。

在分类学上,银杏(*Ginkgo biloba*)仅存一科一属一种。银杏起源于晚古生代,可能从种子蕨一支演化而来。因为,银杏植物与科达狄(*Cordaitinae*,种子蕨的一种)很相近,尤其是胚珠有贮粉室,小孢子囊尚未联合成聚合囊的特征。所以,银杏大概是这支进化干线中较早出现的一类群,发生于二叠纪早期,二叠纪至侏罗纪时繁盛,新生代以来仅存一种,为孑遗种,我国特产。

三、松柏纲

松柏类植物茎多枝,具树脂道;叶片为针状或鳞片状。孢子叶排成球果状,单性,同株。据考松柏类植物的起源亦与种子蕨有关,它们与科达狄有很多相似之处,特别是大孢子叶球序,保持了科达狄的原始性状。松柏类植物出现于晚石炭纪,繁荣于中生代后期。现代种类在裸子植物中仍然最多,分布最广、数量最大,隶属于南洋杉科、松科、杉科和柏科,约有 44 属 500 多种。

四、紫杉纲和买麻藤纲

紫杉茎干多枝,叶为条形或披针形。孢子叶球单性异株,稀同株。大孢子叶特化为鳞片状的株托或套被。种子具肉质的假种皮或外种皮。买麻藤植物,藤本、灌木,叶对生带状或退化成鳞片状;次生木质部具导管,无树脂道。孢子叶球序二叉分枝,孢子叶球有花被似盖被。种子有假种皮。胚具

子叶2枚,胚乳丰富。

紫杉类植物与松柏类的孢子体形态具高度一致性,生殖史也近似,尽管大孢子叶由于演化关系,已发展出假种皮的套被,似乎更进化了一点,但仍表明有共同的来源,即可能来自科达树的祖先。

买麻藤类植物在现代裸子植物中是完全孤立的一群。现存的买麻藤属和百岁属,只因孢子叶球具有“花序”的性质和木质部导管的存在而把它们放在一个纲里,但是,它们在形态学上差别和雌配子体发育和受精方式的不同都表明彼此无密切亲缘关系。因此,它们各自的演化是不清楚的。

第四节　被子植物的发生与演化

被子植物(Angiosperm)是植物界发展到最高级、最繁荣、分布最广的一个类群。被子植物的胚珠由心皮所包裹,形成了子房,最后发育成为果实,因此有别于裸子植物而命名。现在已知的被子植物有300多科,1万余属,23.5万种,种类占植物界的一半。

被子植物门可划分为双子叶植物纲和单子叶植物纲,纲下面又分为亚纲、目、科、属、种。由于被子植物种类繁多,已不像裸子植物那么简单,故不便作科、目介绍,仅对它们的演化观点进行概述之。

一、被子植物的早期化石

被子植物的早期化石发现于侏罗纪的中晚期地层。例如,美国加利福尼亚州发现的加州洞核(*Onoana californica*)是一种被子植物的化石果实,距今约1.3亿年的早白垩世。后来,欧洲葡萄牙及北美东部在白垩纪地层均发现木兰类植物化石,既有叶的印迹,也有花果化石;花粉不但具有单沟,也有三萌发孔。我国黑龙江东部白垩纪鸡西盆地层发现了世界上最早的丰富的植物群，有5属5种，如羽裂鸡西叶（*Jixia pinnatipartita*）等。这些被子植物化石形体均比较小，叶全缘，叶柄粗扁，与中脉基部分界不明显，羽状脉细而不规则。另在黑龙江勃利和伊林也发现了南蛇藤叶（*Celstro phyllum*）和檫木化石，距今约1.1～1.0亿年。这一时期，我国北京西山、吉林延吉盆地均发现了拟白粉藤（*Cissites sp*）和拟无患子属（*Sapindo piss*）的果实化石。

综上所述，由白垩纪出现的化石较多，但都属于比较进化的类群。有人认为正是白垩纪，被子植物发生了早期的演化和重要分化，花粉粒由单沟到三萌发孔以及一些古的棒纹粉，体现出这一时期的分化和特化。亦有人认为早白垩世的被子植物特征都是高度进化和完善的，不可能是被子植物的发生初期，因此，被子植物的起源应在白垩纪之前的地质时期。只是早期化石不易留下，也是可以理解的。

20世纪八九十年代，我国考古学者，在辽西北票，晚侏罗世发现了一株古老的多心皮的花，有骨突果着生，有些类似于今天的木兰花，而枝条细长，被命名为辽宁古果（*Archaefructus liaoningensis*）。同时他们在辽西北还发现了最早的单子叶化石辽西叶（*Liaoxia*），属莎草科，它是圆锥花序，单个顶生，萼片螺旋着生在穗状花序的轴上，并具芒状顶端。这些辽宁化石的发现，更加证明亚洲在白垩纪之前已存在高度进化的被子植物。再有在晚侏罗纪的同一地位的蝴蝶化石具有短吻和长吻的种类发现，这种传粉者口器的不同表明了那时昆虫传粉植物进化的出现，并为之推测虫媒花可能已存在着花被不结成管状和花被结合成管的蜜腺浅露和深藏的两种类型。

二、被子植物的可能祖先

1. 单元论起源

主张被子植物单元单系起源的学者一致认为，木兰目是被子植物最原始的类群。一种认为它直接起源于具有两性孢子叶球的本内苏铁（球花

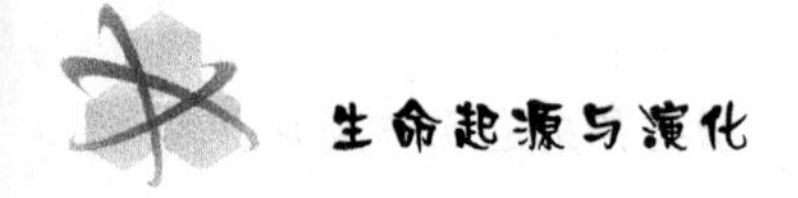

说)，一种主张木兰来自种子蕨即种子蕨说。著名分类学家哈钦松(J. Hutchinson)、塔赫他间(Takhtajan)和克朗奎斯特(A. Cronquist)等人，是单元论的主要代表。哈钦松是多心皮学派的创始者，他把多心皮类分为木本的木兰目和草本的毛茛目两大群，认为两者同处于原始被子植物，并分别演化为现代的木本群和草本群的被子植物。

我国分类学家张宏达认为被子植物具有较完整的同一发展体系，单元起源较有说服力。但是，他不同意被子植物是单元单系的，而主张单元多系的，如裸子植物、双子叶植物和单子叶植物在前期就已各自分化、分类发展。这样的补充，应该是有意义的、完善的。

2.二元论起源

著名分类学家恩格勒(A. Engler)是被子植物起源的二元论者。他认为葇荑花序的化石在侏罗纪地层已有发现，在地质史上并不比多心皮出现得迟，所以，两者不存在直接联系。由此，恩格勒提出无花瓣的葇荑花序类来源于具有轴生胚珠的孢子穗类的祖远，而多心皮类来自具有叶生胚珠的孢子叶类。以上两者的差异很大，基于地质史上又一起出现，因此，它们不可能存在从属演化关系，可能是平行发展的，各有自己的来源。

兰姆(Lam)也是二论者，他认为被子植物的祖先，一类起源盖子植物(买麻藤目)，另一类起源于苏铁类。亦即谓葇荑花序的假花和多心皮的真花学说。

所谓假花学说，最先由韦特斯坦(Wettstein)于1907提出来的，他将买麻目的花序以及胡椒目与被子植物葇荑花序视为同源，把这种鲜花被的虫媒两性花称为假花，认为它们是由单性花聚集而来的。他假设被子植物是从买麻目演化来的，这就是说，最原始的被子植物是风媒的具葇荑花序的植物。所谓真花学说，他们认为本内苏铁(已灭绝)具有明显似花的两性结构和木兰科的花同源。这个共同祖先应具有一个两性球穗，上面有螺旋着生的羽状的大小孢子叶，并假定本内苏铁的大孢子叶和被子植物小孢子叶均可能退化了。根据真花学说，木兰科的花可当做被子植物最原始的花，其他的花包括风媒花，都是木兰科的花通过各部的退或联合衍生而来。一种比较流行的观点，认为像现存的木兰属植物那样大的，由多个部分组成的花是被子植物花演化的起点。

3. 多元论起源

分类学家维兰德(G. R. Wieland)认为被子植物的起源是多元的，它与本内苏铁，科达狄、银杏、松杉、苏铁类有关。米塞(Meeuse)主张被子植物至少是从4个不同祖先类型发生的。我国植物学家胡先骕1950年在《中国科学》第一卷上发表了“被子植物的一个多元新分类系统”的文章。他论述了被子植物发生来自多元系统，已有可论证的15个支派的原始被子植物存在。这也是目前世界被公认的一个多元系统。

自19世纪后期至20世纪中期是植物分类学研究最为旺盛与活跃时期，取得了很大成就。有许多植物分类学家，根据各自的发育理论提出了许多不同的被子植物系统。近代比较流行的两大学派，即恩格勒的葇荑花序学派和哈钦松的多心皮学派。恩格勒分类系统是一个比较完善的系统，1964年版恩格勒系统经过修订，但仍以葇荑花序类作为被子植物最原始类群。这种原始类认为由单被花发展到双被花，由离瓣花发展到合瓣花作为被子植物系统发育理论基础的学派葇荑花序学派，即恩格勒学派。这个学派还认为单子叶植物是由前被子植物经过退化而演生出分支来的，与双子叶植物平行发展。与此同时，该学说也承认它与木兰目和毛茛目有联系。

4. 进化综合论

植物起源与演化是生物进化的一大重要组成部分。被子植物也称有花植物，是植物界演化最高阶段的产物，由于被子植物演化的多样性与广泛分布，也直接影响到鸟类、哺乳类和昆虫类的演化与发展。100多年前，达尔文对于被子植物化石突然在白垩纪地层出现迷惑不解，人们从此也开始了探索被子植物的起源历程。

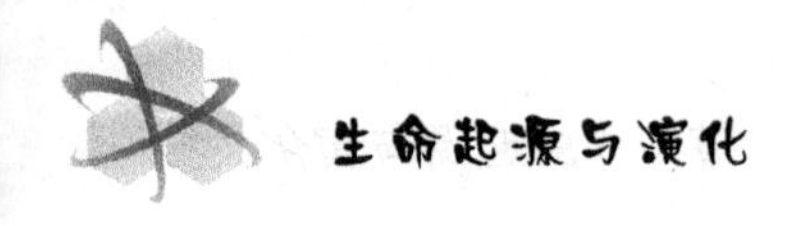

现在，学术界普遍认为被子植物是单系类群，分支系统分析支持绝灭的本内苏铁和现存的买麻藤目是和被子植物最近亲的姊妹群，分子资料的分支分析也支持这一观点。假花学说、真花学说以及种子蕨起源说是有关被子植物起源的最主要学说。

许多化石的发现对这一课题的探讨总是纷繁多样的，唯有单系理序才见清晰。20 世纪 90 年代，我国辽西晚侏罗纪发现的辽宁古果化石属于骨突果，是由心皮对折而成，被认为是最早的被子植物化石。同时，由喜花昆虫和传粉昆虫化石的发现，也为昆虫与被子植物花器官协同进化提供了证据。

由此往前推移到古生代，自寒武纪“生命大爆发”，多细胞生物出现，也加速了动植物系统的各自发展。从现生的一种轮藻的细胞结构和叶绿体、染色体相似性看，它和陆生有胚植物有着密切的亲缘关系，可能古生代的某些轮藻或蓝绿藻就是现代陆生植物的祖先(图 5-2)。现生的有胚植物苔藓类，包括苔藓等都是典型的喜潮湿环境的生活习性，可视为植物从水生到陆生演化的过渡类型，苔类只有叶状体，还没有根茎叶的分化。另一类有胚植物是维管植物，即谓高等植物，它包括石松类、节蕨类、真蕨类和种子植物。

三、被子植物的地理发生说

地球的“板块结构”理论认为地球固体的岩石圈是由六大板块组成的，由此较好地解释了某些全球性的大板块构造、动植物区和矿物区分布规律。根据区系的组成和起源世界植物区系可分为 6 个区，即泛北极植物区、古热带植物区、新热带植物区、欧洲植物区、好望角植物区和南极植物区。我国植物区系主要属于泛北极植物区的中国—日本亚区，而南方及沿海地区的植物区系，则属于古热带植物区。目前，关于被子植物起源地点问题，主要有两种观点值得重视：一种是“热带起源说”，另一种是“华夏植物区系起源说”。

1. 热带起源说

被子植物热带起源说是由苏联著名植物分类学家塔赫他间提出来的。由于西南太平洋的斐济最先发现了单心皮木兰属(*Degenexia*),其心皮在受精前处于开放状态的原始特征,同时,从印度阿萨姆到斐济的广大地区含有丰富的单心皮种类,所以,他认为这里是被子植物的发源地。史密斯(A. C. Smith)认为被子植物起源中心位于日本到新西兰之间,他的着眼点也在于这个地区存在单心皮木兰属的证据。

我国著名植物学家吴征镒认为“整个被子植物区系早在第三纪以前,即在地球板块形成时的热带地区发生”,并认为“我国南部、西南部和中南半岛,在北纬20°40′间的广大地区,有着特有的古老科属。这些第三纪古热带起源的植物区系即是近代东亚温带、亚热带植物区系的开端和发祥地”。另外,南美亚马逊流域热带地区具有丰富的被子植物,也有学者提出这里可能是被子植物的发源地。

在陆生植物演化过程中,早期许多外形上很像维管植物,但由于缺少木素化纤维管细胞。因此,它们不能作为维管植物的代表。目前,公认的最古老维管植物是库克逊蕨(*Cooksonia*)。最早的化石发现于爱尔兰大约4.1亿年前晚志留纪罗洛德期的沉积岩中。库克逊蕨植物纤细,高不过10cm,无根,无叶,其轴中央有原生本质部,在二叉茎轴的顶端着生有圆形的孢子囊。这类植物已被归属于莱尼蕨类。到了约3.8亿年前早泥盆世中期,陆生维管植物又一个重要类群,三枝蕨类出现并开始繁盛,特别在劳亚古陆生上,即今天的西欧和北美一带是这一时期占优势的植物类群。它具有明显的主茎轴,含有相对粗壮的维管束,表明它的输导能力已大大加强,但还未形成真正的叶片。有人推测三枝蕨类是通过莱尼蕨越顶生长,而真蕨、前裸蕨即种子植物都由它演化发展而来。

2. 华夏植物区系起源说

华夏植物区系起源说是由我国分类学家张宏达提出来的,有着比较深入的论述。他认为华夏植物区系(Cathaysia-flora)是指三叠纪以来,在华南地台及其毗邻地区发展起来的有花植物区系,包括了北起黑龙江和内蒙古,东北部包括日本和朝鲜半岛,西北部包括准噶尔盆地中段,南部包括印度支半岛、马来半岛、苏门答腊及加里曼丹。这些地区都可找到古生代华夏植物区系的化石,包括古生代的种子蕨、中生代由种子蕨演发出来的原始被子植物以及中生代以后的被子植物。

在三叠纪中期,古陆的南部出现了印支运动,使陆地面积迅速扩大,以后再无海浸现象,因此,华夏地台的稳定给被子植物在这里发生提供了适宜的场所。印度是南方冈瓦纳古陆的一部分,从古植物化石看,印度除了在脱离非洲之前有舌羊齿外,没有发现白垩纪以前的植物化石。第三纪初的亚洲南边,其植被区系受到华夏植物的支配,同时也受到马来西亚植物区系的影响,其本身很少有特有的科属,只有较多的特有种。斐济是第三纪以后升起的海岛,日本本部是华夏古陆的一部分。新西兰是第四纪才从欧洲或南极分离出来的岛,所以,古植物化石也较少。其他古陆,无论是澳洲、非洲、南美或热带亚洲,在进入中生代之后,不是被海浸,便是被冰川覆盖,很不稳定。再从现存的植物区系和出土的化石及孢粉贫乏来看,这些古陆亦难成为被子植物的发祥地。

然而,华夏植物区系在古生代具有许多古蕨和种子蕨特别是大羽羊齿类是最具代表性的优势类群。华夏植物区系还和欧洲—北美区、安哥拉区、冈瓦纳区是共同拥有的种类,如鳞木(*Lepidodendron*)、轮木(*Annullaria*)、楔叶(*Sphenophllum*)、栉羊齿(*Sphenopteris*)、脉羊齿和美羊齿等。还有分布南北古陆的木贼类、种子蕨类各种,近似科达树的匙叶(*Noeggerathiopsis*),类似银杏的扇叶属(*Rhipidopsis*)以及大部裸子植物,如开通目(*Caytoniales*)、苏铁目、本内苏铁目和银杏目。在华夏被子植物区系中拥有许多中生代古老类群,包括木兰目、毛茛目、睡莲目、金缕目、藤黄目、蔷薇目、堇菜目、云香目、卫矛目、沼生目和百合目等,这种古老的被子植物系统的网络是任何其他大陆都不能比拟的。

3. 其他起源

关于被子植物的地区起源问题，热带地理起源是主要的，而华夏植物区系起源只是对前者进行具体的简述与补充。根据现有世界六大植物区系划分，各个区系都可能会提出某种观点或局部植物的地区性起源而不会有更大的变动。

譬如，古植物学家海尔(Heer 1869)曾根据格陵兰发现了被子植物化石提出“北极起源说”，而后分三路向北半球低纬度发展，但后来由于不断发现北极地区的被子植物化石多为晚白垩世至第三纪的，时代较新，这一理论也随之被放弃了。近些年来，一种东亚大陆被子植物起源说也被提出。这是由于我国在辽宁发现辽宁古果等化石采自晚侏罗纪地层。此外，这一时期还包括我国东北、蒙古和俄罗斯、外贝加尔湖以南滨海等在内的亚洲东部地区的有关被子植物化石的发掘有关。

第六章 生物演化与自然选择

生物进化乃是事实，自然选择赋予强大动力。一般认为演化不可能有预定的方向、目标，可视为随机的、偶然的某种产物。可是，根据现存的生物和消亡的化石生物的进化之路又是有规律可顺的。生物进化从低等向高等发展，可以看到它的方向性和不可逆性。生物的进化曲折复杂，从几次大灭绝和大进化现象看，生物有极强的适应性、变异性和生存本能。当高级哺乳动物出现之后，母仔的哺乳保护本能和大脑意识的支配作用，使机体和机能不断完善和适应。

第一节 进化的方向性、随机性和不可逆性

关于生物进化有没有方向性或有无目标，这是很难回答的问题。从生命演化之初的 20 亿年间显得十分缓慢，也无任何方向可言，随着生物从低等向高等逐渐发展的过程中才有了方向性，这种方向不是由上帝安排而是由生物自发产生的。所以，其间充满错综复杂，失败与成功，在极其大量的随机性中，又出现某种偶然和必然性的机遇。所以，现存生物的进化都是大量进化过程中的偶然性和必然性的产物。

一、进化的随机性和局部的方向性

生物进化经历了漫长的40亿年，从单细胞到多细胞生物，随之逐渐演化出非常多样而复杂的动物和植物，直到人类出现，是何等神奇！人类大脑发达，能创造工具，建立文明社会，成为主宰世界的主人。如果说生物进化在寒武纪生命大爆发之前的单细胞生命没有演化方向是可以理解的，因为单细胞向多细胞发生就经历10多亿年的地质史，是相当漫长的过程。然而，当爬行动物卵生向哺乳动物胎生征服陆地适应辐射生存时，再说生物演化没有方向就不是事实了。

翻阅达尔文的《物种起源》，全书无不充满生物变异和自然选择作用，他当时竭尽全力证明自然界的各种各样生物不是上帝创造的不变物种而是进化来的。一个种群内会经常发生变异，一切顺应了自然的有利变异，经过一代一代累积被保留下来，并在一定隔离条件下，占据了应有生态位和空间，就能演变成一个变种或新种。这种没有方向的、随机应变的演化之路，在达尔文的论著中随处可以查证。如果具体到某一物种，在特定条件下，为了强化一种组织机能和器官功能而逐步得到加强，这就是"用进废退"法则，可视为局部的有方向的演化，如长颈鹿的长颈与长腿的适应进化和草原食肉兽快速奔跑捕猎食进化等表现。

拉马克认为生物的等级现象就是生物向上进化的一种表现，这是难以肯定也难以否定的问题。如果生物没有向上进化的欲望，也有充满适应欲望，才能产生本能和习性。生物界的每一步进化都是为了适应环境，如果不适应环境也就被自然选择淘汰了。由此认为地球环境改变的不确定性决定了进化方向的偶然性。所以，我们地球上生命的逐级演化也是偶然的，人类的出现也是偶然的，这种偶然几率有多大？为此推测宇宙空间的任何星球，若有相似的条件，能否重演地球上的生命历史都难说？

刘平在他的《生物主动进化论》一书中也主张生物进化的随机性，但又认为“灵长类已经奠定了人类产生的基础”。我也感觉到生物演化到灵长类阶段，这类有智慧的高级动物脱离森林是正常的事。它们一旦脱离森林之后，行直立走动，就会刺激大脑和双手进一步发展，制造简单工具，帮助自己更好适应环境而走向主动生存的空间。这就具备了向人类演化的必要条件。

二、进化的不可逆性

生物进化从单细胞到多细胞，从低级到高等动植物经过了漫长的亿万年。生物的遗传性和变异性通过渐变或突变是随机的。因此，进化也是没有方向的，但是在自然选择作用下它们却朝着有方向进化或生物各类型，如纲、目、科属的等级进化往往表现出有方向性的延续。

既然生物进化是一个漫长的突变和渐变交错的遗传信息对生存环境的适应传递结果，按基因突变观点来看，无论是增或是减都是在自然选择作用下完成的。这种进化是不可逆的。因此，要随机准确地通过很多代的突变或渐变退回到原初状态的几率几乎等于零。这就是生物进化不可逆的原因，即便退回去的物种也会很快被淘汰。然而，鲸类原是哺乳动物，在几千万年前重新进入海洋生活，而逐步演化出鱼类的形态，属于次生演化，但内在的生理功能仍是哺乳动物的结构，而肺的呼吸系统具有了强大的容氧量以适应水中活动。

我们已看到生物的大演化都是出现在几次种群大绝灭之后的复苏期，最后一次发生在6500万年前的恐龙大灭绝导致哺乳动物和鸟类的大进化。生物的大演化必须先有外部的环境压力，同时还要出现新的生长点或演化系。由于老的物种具有极大的保守性而不会改变本性，要么适者生存，要么被淘汰。所以，生物向上演化和不可逆性也就得到论证。据此，我们的人类祖先与黑猩猩兄弟早在800万年前分道扬镳了，如果让今天的黑猩猩离开森林再过几百万年也不能演变成人类的，生物的演化也不会重复。

第二节　适应性与变异性及自然选择

地球上的生物各种各样，对环境都有很强的适应能力，而变异性和适应性正是生物最重要的特性。变异来自有性生殖的个体差异与变异，不管变异的原因是什么，是种群为了对环境有更强的适应和选择获得繁衍与进化。达尔文的物种起源和自然选择学说就是建立在物种广泛变异，遗传和适应基础上提出来的。所以，归根到底，变异是进化的原动力。

一、适应性和变异性

现代生物多样性都是各类生物对环境适应与变异的产物。所谓适应性，就是生物对环境的一种适应生存能力，而变异性也就是生物种群内部个体之间对环境过程中所发生形态或内部组织构造上的某些偏差或变化。达尔文认为"在双亲相同的后代个体中出现的大量细微差异，它的重要意义在于为自然选择的积累提供了原料"。所以，我们认为生物的适应性和变异性在生物界随处可见，通过不经意的自然选择达到适者生存进化动力。

生物的适应性，亦可视为植物的生长习性，视动物为一种生活习性。地球分南北半球，有寒带、温带、亚热带和热带区域之分，各气候带却分布不同的区系植物和相应的生态系动物。例如，北极圈天气寒冷，动植物很少，却生活着北极熊和企鹅。在非洲热带森林区生活着黑猩猩种群，热带干旱草原则分布着大型食草和食肉动物。在亚洲热带则有印度虎，大猩猩和大象，而热带雨林内还分布着众多的寄生树、寄生兰、热带型花果以及特有的昆虫和爬行动物。

植物的适应性是强的，任何一种气候带的植物都非常适应于本土气候的生长，如这些热带性花草和水果移植到亚热带地区就不适应而长不好。

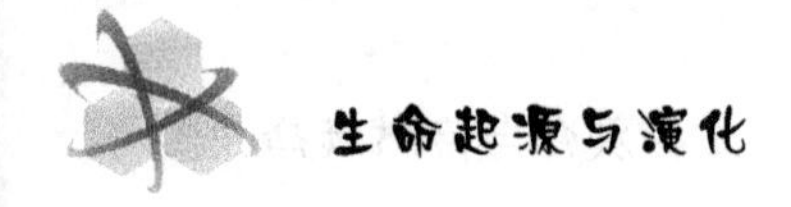

同样，如把北方温带、寒带的植物移栽到南方热带地区也长不好而死去。既然植物有可塑的变异性和适应性，在人工引种驯化方面，就要考虑到地域气候差异不大的条件去引进。如果是一年生植物可以利用夏秋的生长期，有的冬季以地下茎越冬，如朱顶红、大丽花、鸡冠花、美人蕉等花卉原都是热带性植物，而逐步得到适应变异可在亚热带的长江流域气候条件下生长繁殖。又如芭蕉较香蕉耐寒些可以北移，但不能结实。

人类自农耕以来，中国便开始对野生稻的栽培选育，从浙江河姆渡文化遗址考证，至少已有6000多年的历史了。当然，农作物的品种培育的适应性和变异性都很大，这不好跟自然界野生植物，特别是木本植物的适应性与变异性相比较。同样，我国在近几千年的农业生产发展过程中，也在家狗、家畜和家禽方面获得了很大成功。这表明，人类定向培育新品种与变种是可以获得成功的，时间从早期的古代到现在也在缩短。大自然的无定向的选择到定向的有利变异要花费很长的时间，通常以万年计。例如昆虫尺蠖的拟态现象是一种典型的保护色变态适应，它们在林子里如同一片枯叶或一节小枯枝的拟态，以避免小鸟或其他食虫者捕杀。所以，自然本能的选择进化要比农作物培育在时间上长得多。

我们觉得北极熊的适应性和变异性也是很鲜明的。北极熊是熊种的棕熊。棕熊是一种适应性很强的动物；它们从北半球的荒漠边缘到高山森林，直至冻原地带都能生活，熊科动物祖先原是食肉性动物，后来随熊体增大，棕熊演变成杂食性动物。北极熊是在第四纪更新世时，由于冰川的变化把一群棕熊分化出来。北极熊为了适应北极寒冷极地气候，毛色变白，皮下脂肪变厚。以捕捉海鱼海豹为食，又重新演化为新型的食肉性动物。这种演变需要经过千百万年生存适应才能转变。

二、渐变论与突变论

1. 渐变论

一般认为达尔文的物种发生是建立在渐变基础之上的，也就是物种发生微小变异，经过一代一代变异发生与积累而遗传下去，经过自然选择或某种隔离形成若干变种、亚种或新种。然而，我认为达尔文的论著中也提到大变化为突变的字眼，他却怀疑“那些突变的和显著的构造偏差，是否能在自然状况下会传递下去”；又如“猪有时一生下来具有一种长吻，而其他则没有，可说是一种畸形”。由于当时遗传学还不知道基因与基因突变观念，所以，达尔文所看到的变异就会有渐变和突变内容。当时达尔文强调物种的广泛变异性是针对神创论的物种不变论而发的。

达尔文曾写道：“不论任何一种导致后代和亲代之间出现轻微差异的原因是什么，就算每一个差异都有一个原因，我们有理由相信这些有利差异会被逐渐且缓慢地积累起来，它将引起物种构造上的所有比较重要的变异，而物种生物构造与习性有着密不可分的联系。”这里明显地提到变异原因尚不清楚，如今都归结于基因突变。即便是基因突变也只能产生变异或变异种，也不会立即产生新种，否则，畸变也不会遗传下去。所以，新种或高一级的物种产生，就要有一代代的逐步演变，在自然界以地质年代万年计，并非用了“突变”两字，就很快变出新种来的。所以，我还是主张把达尔文的渐变论与突变论结合不是对立的拼接，可能会更有用。因为有性生殖的个体差异并非都是基因突变产生的。现在，我们对达尔文的渐变论不作分析，只是一概否定。突变与渐变是两个概念，但在物体形成过程中是同时存在、互相包容的。

达尔文的渐变论在自然选择学说中更有一段总结性的表达：“如果根据自然选择的学说，我们就能够搞清楚为什么‘自然界’不采取突然的飞跃呢？因为自然选择只是利用细微的、连续的变异而发生作用，以从来就不具有使物种产生巨大且突然飞跃的能力，它只能以一定的、短的、确实的、缓慢的步骤前进。"事实上只使基因发生多大突变，也不可能引起当代或子代在形态和组织器官的极度变化，所以，突变论也不能完全否定渐变的发生规律。例如，鸟类是由爬行动物进化而来，从快跑到起飞的欲望，再从骨骼到羽毛的演化，至少经过几百万年的多次突变与逐步演变，何况，这里没有现成的设计方案，只有在逐步演化中改正。就我们辽西中生代地层中的大量鸟类的化石发生，其间至少已延续了110万年，这算是大绝灭大进化的时代了。

2. 突变论

突变论的理论基础来自20世纪中后期分子遗传学的研究成果。已知物种染色体的突变或畸变，使DAN核酸分子碱基缺失、替换核酸或重复编排都会引起生物性状的改变。基因突变可以发生于生殖细胞中，而体细胞突变可引起当代生物在形态或生理上的变化，但不能遗传下去。广泛存在的辐射线和化学诱变剂可引起基因突变，就细胞分裂DAN复制时也会出现偏差而引起变异。关于突变最重要的反映是能否产生突变体，对于多基因调控的动植物是不大可能的，但在果蝇中出现，而栽培烟草种2n=48则可视为2n=24烟草突变体。总之，这样的事例还不多。

1963年，Grant基于基因突变体的发生，首先提出量子种形成的观点，却有一种假设条件：一是显著的突变发生突变体与同种群的其他个体之间进行生殖隔离；二是新突变体能以杂种方式繁殖和延续，突变基因能迅速扩散，即频率快速增长并达到在种群中固定。这种条件在短时间难以用实验论证，在自然界可能发生与延续，因为大自然有着广阔的空间和时间。基因突变体和基因突变频率的研究有力地支持了种群个体杂交突变和新种演化的某些依据，但不能过分夸大，突变与畸变往往是同时存在的。

现代分类学家Mayer(1977)也主张物种的跳跃式进化，他认为已存的物种遗传组成是成功地适应其生存环境的，如果通过缓慢的微小变化的积累是不能造成显著分离而产生种的分类单位的。所以，新种和新种的高级分类单元的产生，只能通过大的、快速的基因型的改变，表现出与老种有显著不同性状成为一种跳跃式进化才能奏效。

再者，古生物学家 N. Eldrede 和 S. J. Gould 认为，按照化石记录，新种产生是跳跃式的，但在一次大的生物类型出现跳跃式演化之后，却有一个稳定态时期。他们认为："新种一旦形成，在它存在的上百万年时间里，并没有出现显著变化。这就是点断平衡模式。在自然界只有一定强度且稳定选择压力，经过几百代或几千代可以完成符合渐变模式的物种形成过程。突变总是在不断发生的，但太多突变体在没有形成稳定特征就被淘汰，而'淘汰'的地质时间尺度上的化石还没有形成或保存下来。"实质上，在这模式中也包含了一个渐进阶段，使突变得以适应，形成稳定新种群数量占据相当繁殖空间，才称得上演化成功。由此推测，一个突变种的形成新优势种群及更高科属等级形成所需的平均地质年代是几万年至几百万年，如鸟类。这样突变论跳跃式将包含其渐进模式和点断平衡模式，对于解释生物进化过程是很有用的。

三、适应辐射与趋向进化

1. 适应辐射

何谓适应辐射？这是生物大进化的表现形式。通常一个草原群许多成员的显著变化，在进入不同的适应区域，占据不同的生态位，形成一个辐射丛枝，这就叫适应辐射。适应辐射的发生有以下几种情况：

(1)一个物种或多个物种获得具有进化潜能的新适应环境之后，才能发生大的适应辐射。例如，元古宙末期一些异养和自养的生物完成了从单细胞向多细胞体制的进化过渡之后，很快出现了后生动物与后生植物的第一次适应辐射。

(2)大规模的物种绝灭之后，种间竞争压力减小，空的生态位出现，导致快速的种形成和适应辐射。地史上多次大的种群绝灭之后，都有不同规模的适应辐射发生。

(3)当一个物种迁移到一个分散的、隔离的环境,例如大陆物种迁移到群岛或地形地貌复杂的环境,有湖泊河流交错的地区,地形起伏的地区,形成许多隔离的小种群,由于分异选择以及随机因素发生适应辐射。有如达尔文描述的加拉巴戈斯群岛的地雀有 13 种,它们是过去大约 100～500 万年期间从美洲大陆迁移来的一个种,即是同一祖先。

各类生物的适应辐射进化还会表现出多种多样的分支,多个物种或地理变种,这个过程叫做分支进化。例如,脊椎动物从爬行动物进入陆地,为二叠纪和三叠纪之间,距今约3 万～2.5 万年前,开始了哺乳动物的一次大的适应辐射。当时陆地上没有大的与之竞争的动物,选择压低,登陆的脊椎动物纷纷占领各自的栖息地而极大发展。原始哺乳类出现时距今约 2 亿年前,体型较小,短足,以四肢陆上奔走,胎生,哺乳,当时先发生了爬行类的适应辐射。自恐龙大绝灭后,到了新生代第三纪则真正出现了一次哺乳类的适应大辐射,遍及海陆空各界,成为各类生态环境中的佼佼者(图 6-1)。

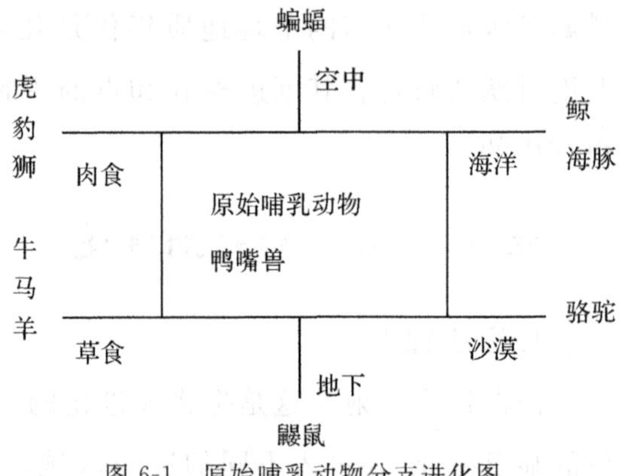

图 6-1 原始哺乳动物分支进化图

2. 趋向进化

生物的适应辐射进化是强大的、主流的,但是,趋向进化或平行进化则显得相对较少。趋向进化是指不同祖先的生物类群,由于相似的生活方式,使整体或部分形态构造向同一方向改变。例如,哺乳类的海豚、鲸,爬行类的鱼龙及鲨鱼因适应水中的快速游泳,均具有流线体的体形。昆虫、翼龙、鸟、蝙蝠因适应飞翔生活而具有翅,也是一种趋向,但昆虫与鸟类的翅膀结构却完全不同,像这些不同类群的生物由于趋向演化而形成同样功能的器官称为同功器官,而翼龙、鸟及蝙蝠的前肢的起源相同,称为同源器官。

四、变异与自然选择以及本能与习性

1. 常态变异

在自然界生物的变异是普遍存在的。变异主要来自有性生殖的后代,特别杂种后代,它们产生的个体总有一定差异。这种差异性既是亲本生殖细胞赋予的,亦有外部环境引起的。现有计算表明多基因性状的物种,不通过突变,只要通过有性生殖后代和自然选择只有隔离的生态新环境就能创造新品种或新种性状来。人工选择大多也不是靠突变而是依靠选择优良性状,一代一代的积累而选育出来的新品种或变种。

按照达尔文的观点,变异分为有利的和不利的变异,自然选择只对有利变异发生作用。因为,在他看来不利遗传的变异是不重要的,因此不利的变异会被淘汰,当然就不重要了。实际上,自然界的许多变异是复杂的,难以分辨有利的或是不利的,是突变的或是非突变的都是成为自然选择的原材料与基础。达尔文的自然选择学说是建于生物普遍变异和微小的、不断的连续变异与遗传累积基础之上的渐变论。应该说,生物的遗传是相对的,而变异是绝对的,遗传的变异才是生物进化的原动力。

2. 多态变异

达尔文对变异与自然选择的相关性观察是很细微的。他对自然选择的异议问题也提出了讨论,其中包括拟态、本能与习性。我认为它们也是变异的一种转变方式,受到自然选择的洗礼。达尔文认为昆虫的拟态是伪装大师,如木叶蝶、竹节虫是长期的变异进化所致。那些能够帮助昆虫不被鸟类注意或发觉的各种类似性就会被昆虫保存下来,且遗传给后代。所有动物的保护色都是自然选择的结果。我在自家庭园中就观察到一种吃葡萄叶的大蛾幼虫,开始是绿色的,是不容易找到的,待到成虫化蛹转变成褐色,就爬到褐色的葡萄枝上也不容易被发现。再者,夏天的粉蝶大多数是白色的而到了秋天变为灰褐色的，这都是一种保护色转变特性。

关于雄鸟雌鸟羽毛的不同，特别如雄孔雀美丽羽毛的变化，达尔文把它当作性选择，无论是雄鸟的羽毛或动听歌喉都是为吸引雌鸟争取繁殖权的进化产物。再有鸵鸟飞行功能丧失而奔跑功能加强的转变，达尔文在他生物著作《变异法则》中这样写道："生活在南美大陆笨重的鸵鸟，由于遗传变异的原因，体重不断增加；当出现紧急情况时，它已经不能用翅膀飞翔逃离险境，但却能够像四足兽那样用腿来反击敌人的进攻而自救。"所有这些现象都是有趣的变异与自然选择成功进化的产物，而大量的难以计数的中间类型和不适应物种已被淘汰了。

关于非洲稀树草原斑马条纹变异，该如何解释呢？科学家研究发现，非洲的一种舌蝇叮咬很厉害，被叮咬的动物会染上"昏睡病"，直至死亡。但这种蝇的视觉很特别，一般只会被颜色一致的动物所吸引，对有条斑斑马不叮咬。故认为斑马条纹也是一种自然选择产物。在进化过程中，斑马的选择已成功地躲掉"昏睡病"的困扰，但容易受到狮子等捕食性动物的攻击。两者取其利，其群体仍得到壮大。现在，斑马已经成为非洲大草原上数量最多的动物之一。

3. 本能与习性

本能与习性是生物变异的多态性表现。生物的本能与习性有相似处也有区别。达尔文对本能的解释也觉得困难，它是否受到自然选择的作用。如果我们假定任何习惯性和活动能够遗传，应该说，这种情况有时的确发生过。然而，人们熟知的最奇异的本能，如蜜蜂和蚂蚁的本能，不可能由习性而来。达尔文还是不得不承认本能也是微小变异产生，自然选择把本能的变异保存下来，并累积到有利程度是有可能的，一切最复杂奇异的本能就是这样起源的。本能只有世代相传使用才能得到保存与加强，否则就会消退。例如我国大雁南北迁徙为了繁衍后代，以满足季节变化的食物需要。又如非洲角马、斑马和羚羊，在每年春夏繁殖期，有上百万只成群结队在东非内陆三角洲稀树草原长达250公里的迁徙，以此来觅食不可缺少的草料、水源和矿物质。在迁徙途中，会受到狮、豹与河流中的鳄鱼攻击和捕杀，也在所不辞。

在生物本能与习性中，不能不提及蜜蜂群体生活。蜜蜂的社会组织性很强，它们由工蜂、雄蜂和蜂皇（专供生殖和自然组群者）组成。蜂巢是集群的场所。六角形蜂巢建筑全由工蜂（不会生育的雌蜂）腹部的蜡腺所分泌的物质所建，大小一致的数千间至数万间蜂房在几昼夜内完成，这种建筑本能难道也是自然选择的结果吗？怎不令人费解。蜜蜂发生于白垩纪晚期，它与显花植物发生进入繁盛时期保留。采花昆虫，主要指蜜蜂与蝴蝶，就是与显花植物处于互相协同的进化，彼此有益，但又如何出现集群社会性进化至今仍是一个谜。然而，这样的种群生活或许有利于昆虫越冬和春夏集体采花传粉，也是一种有效的进化。

第三节　论绝灭与进化

绝灭就是物种的死亡。大绝灭是指某地质年代引起大量种群的死亡。据考证自奥陶纪末期（4.38亿年前）至白垩纪末期（6500万年前）先后发生过5次生物大绝灭，每次大绝灭后经过一段复苏期而出现大进化。生物绝灭有常规绝灭和集群绝灭两类。进化亦有大进化与小进化模式及其相关性。

一、绝　灭

生物的绝灭概念，早在19世纪之初，法国古生物学家居维叶已经提出，他根据海洋地层化石认为过去古生物曾有过几次大突变、大绝灭，被称为灾变论。达尔文在他的著作中也提到物种绝灭之事，有逐渐的一个地区接一个地区的绝灭,也有全科、全目突然灾害性绝灭,如古生代的三叶虫、菊石,中生代的恐龙绝灭。

生物绝灭是指一个物种的个体完全消失而不留后裔,可称终极绝灭,即完全绝种。如果某个物种经历一定地质多代演化后,采用线系渐变的形式由祖先种演变为后裔种,那么祖先种绝灭了,但物种的谱系仍继续下去,称为假绝灭或种系绝灭。绝灭是进化的另一种形式,是大进化不可缺少的手段。

在地球生命进化过程中,新的物种不断形成,老的物种相继绝灭,或以一定速度、一定规模经常发生,表现为各分类群中部分物种的代替,是一种正常现象。这种正常的物种更替被称为常规灭绝。当今,人们认为物种的绝灭是加快了,这是与人类的活动有关。例如,我国的华南虎和东北虎的绝灭和濒临绝灭不是种群繁殖力问题,而是由于人类捕杀和自由生存空间缺乏所致。然而,大熊猫的濒临绝灭既与环境破坏也与自然繁殖率很低有关。

现在,人们把生命地质史上发生过的几次大规模的生物群绝灭,叫做集群绝灭。自古生代寒武纪生命大爆发以来,多细胞的无脊椎动物适应辐射和后来的脊椎动物很快占据了海洋和陆地空间,在长达5亿多年的进化过程中,因各种原因,至少发生过五次生物集群大绝灭,并且显示出每隔五六千万年的周期性发生。

二、地质史上的五次大绝灭

近半个世纪来,科学家们积累了许多关于物种进化和环境变化的资料,并建立了海洋生物化石数据库的档案。1993年劳普(David Ranp)和塞普科斯(Jack Sepkaski)提出了自晚奥陶世开始至白垩纪末期共发生过五次大绝灭高峰观点,在此期间还有多次小绝灭的起伏与复苏进化(图6-2)。

1. 晚奥陶世绝灭(前4.38—前4.4亿年间)

在距今约4.4亿年前的奥陶世末期,地球上出现了一次大规模的物种

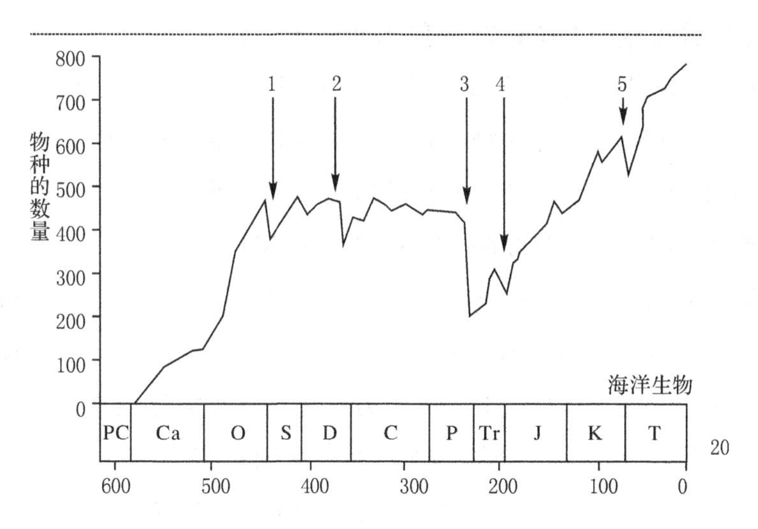

图 6-2　5 次大灭绝的地质时间(百万年)与海洋动物数目(塞普科斯基,(1993))

绝灭事件。这次大绝灭的主要原因是全球气候变冷造成的,导致 85%的物种绝灭。

这时期海洋无脊椎动物繁多,为三叶虫全盛时期,约占海洋生物的 60%。这次大绝灭给菊石、三叶虫、腕虫、海百合以及原始的腕虫类和头足类动物带来了一次毁灭性的破坏。

2. 晚泥盆纪绝灭(前 3. 6—前 3. 8 亿年间)

这次发生于晚泥盆纪,历经两个高峰期,导致 70%的物种大绝灭。泥盆纪陆地扩大,气候温暖,为蕨类和鱼类繁盛期。这次干热气候引起海洋无脊椎动物又一次大衰退,促进海洋鱼类和湿地蕨类的大发展。

3. 晚二叠世绝灭(前 2. 3—前 2. 5 亿年间)

距今约 2. 5 亿年前的二叠世末期,发生了地球史上最大的物种绝灭事件,估计有 96%的物种计 55 科的物种绝灭。这次大绝灭的原因有多种,包括气候变化、全球板块运动、热力释放以及有外来陨石撞击的可能,导致占海洋 2 亿多年的古老无脊椎动物从此全部衰退与消失,还有陆地原生的蜥蜴类、两栖类和兽孔目的爬行均急剧衰落,而三叶虫完全消失。

4. 晚三叠世绝灭(前 1.75—前 1.9 亿年间)

这次晚三叠世的大绝灭,估计有 76%的物种绝灭,主要仍是海洋生物,包括原始鱼类和原始爬行动物。这次绝灭原因不清,可能由于海相地理变化、内陆盆地增加、海藻大量繁殖而引起海水缺氧所致。

5. 晚白垩纪绝灭(前 0.6—前 0.65 亿年间)

距今 6500 万年的晚白垩纪,又引发一次约有 75%～80%的物种大绝灭,结束了长达 1.7 亿年的恐龙时代。这次被称为 K－T 大突难(K 源于德语 Kreide,意为白垩纪,T 是中生代的第三纪),恐龙突然绝灭,至今是个谜。一种观点认为是陨石撞击地球,在墨西哥海岸附近有一个方圆 20 公里的凹坑,地质年代也有相合,由此引起一场全球性的火灾,导致恐龙死亡。另一种观点认为因印度的几次火山大爆发,高空烟云尘埃蔽日,使得植物枯萎而引起大型动物死亡。第三种观点认为由于气候升温,引起恐龙蛋孵化生理障碍(如今尚有大量恐龙蛋化石发现)或雌雄比例失调,最终走向绝灭。第四种观点认为自然突变,食物耗尽,导致恐龙绝灭。

三、小进化与大进化

1. 小进化与小进化现象

小进化与大进化是有区别的。一般认为小进化是指种内的个体和种群层次上的进化与改变,而大进化是指种和种之间以上分类群的进化。所以,个体是物种的最基本特征:有着明显的繁殖、遗传和变异现象。可是,个体不是进化的基本单位,因为个体的基因型是终生不变的,所以无论是无性繁殖或是有性生殖的生物基因会一代代传递下去,它们只是种群进化单位。

有性生殖的种群整体是相对稳定的,其基因型可能会世代不变地延续下去。通过种群遗传分析表明,自然种群内部有大量变异存在,其中既有连续的变异,也有不连续的变异。自然种群中保持大量的变异对种群是有利的,因为种群内多种基因型所对应的表现型范围很宽,从使种群在整体上适应可能遇到的大多数环境条件。物种的突变、选择、迁徙以及偶然因素能引起种群基因频率的变化，都属于小进化的主要因素。譬如，性选择也是小进化的表现。

2. 大进化的概念

遗传学家歌德斯密特（Goldschimidt，1940）曾强调大进化机制是不同于小进化的。他认为自然选择在物种之内作用基因只能产生小的进化改变，称之为小进化；由一个种变为另一个新种是一个大的进化步骤，不是靠微小突变的积累，而是靠所谓的“系统突变”，即涉及整个染色体组织的遗传突变而实现的，称之为大进化。笔者认为，一次性的染色体组突变是不可能的，若有大的突变，亦是畸变，不容易被遗传，一旦遗传下去就能产生种属间的新变种，还需要长时间完善组织器官与功能进化，才能构成有生态位的稳定种群。的确，只有种群的交替才能引起生物界物种多样性，随着时间而发生的规律，却呈现出向更高层次的进化现象。地质史上的几次大绝灭却为生物大进化提供了推动力。

3. 大绝灭与大进化现象

地质史上的五次生物大绝灭经漫长（以百万年计）平缓复杂后出现了一次大进化。首次晚奥陶纪大绝灭，使原始动物和原始无脊椎动物极大毁灭，导致新一代无脊椎动物出现和一种甲胄鱼的发生。晚泥盆纪大绝灭，又使无脊椎动物衰退，促进鱼类和蕨类的大发展，并有两栖类和昆虫类发生。第三次晚二叠纪带来一次更大绝灭事件，约有96％物种计55科绝灭。这次大突变，对海洋古老无脊椎动物再次毁灭，结束了地质史长达2亿多年的古生代的古老后生动物，为新生的鱼类和爬行类适应辐射以及初生哺乳动物发生创造了条件。

时至中生代的三叠纪末期又发生一次种群大绝灭。不少原生的脊椎动物、两栖类、爬行类毁灭而促进恐龙的全面繁盛。陆地和湿地蕨类植物衰退，让位给裸子植物的大发展。白垩纪末期，被称为K－T大灾，结束了长达 1.4 亿年的中生代恐龙时代以及众多有袋类动物绝灭，导致胎生哺乳动物及鸟类兴起和被子植物的大发展。

4. 大进化与小进化的关系

现代进化综合论是基于种群遗传学基础之上的小进化模式，是否可以解释物种形成和高级分类学的大进化现象，这是颇有争议的问题。从遗传学角度来说，大灾变引起大的表现型改变与遗传机制是存在的，发育调控基因突变就是大突变的一种可能形式。然而，果蝇突变变种产生，能否在更复杂的动植物身上发生，成为进化革新的理论基础，也需要讨论。我们已经确认在自然选择作用下的小进化过程能够产生适应的表现型，而大突变产生的却是显著偏离祖先表现型的"怪物"，也就是大突变产生的新表现型多半是不适应的，甚至是畸形的，它们的演化将会有两种情况：一种是不能生存，或不育被淘汰；另一种可能成为新类群的祖先。

一个新生的分类群往往具有一系列相关的适应特征，这个有希望的怪物又如何能突然获得这些特征呢？例如，两栖类相对于它们水生的鱼类而言，要具有适应陆地生活的特征，即有了肺的空气呼吸和陆地行走的足趾。鱼类都是用鳃呼吸，爬行动物的肺由鳔转化而成，其内壁有许多泡状囊，加大了与气体接触的面积，鱼类已用鳔参与气体的吸入量多少而影响的沉降作用。陆上动物肺的进化是必然的产物，早期的肺鱼，总鳍鱼已能由肺呼吸，已反映出脊椎动物从水生进入陆地的源头。

哺乳类动物相对于爬行动物而言，有分异的牙齿。坚固的颚、适于奔跑的四肢、长毛恒定体温、胎生以及有更复杂的各类循环系统和神经系统。这一系列重要的特征有一级一级的大突变和漫长的适应进化相结合，绝不能以越级跨越方式所能完成的。古生物化石证据也表明，新类群的产生并非"一步到位"。这个过程可能相当长，如哺乳动物最早的祖先可追溯到三叠纪时仍处于爬行动物状，体型很小。在进化地质史上，从原始的有乳类鸭嘴兽到有胎盘的真兽类出现，以百万年计，延续了数千万年才趋完备。前些年，我国考古学者在辽西晚侏罗纪地层中发现的古鸟类化石，如孔子鸟、辽西鸟具有爬行类和鸟类相混合特征。中华龙鸟则是一种带羽毛的恐龙化石，这就是“怪物”为鸟类起源于爬行动物的重要依据。鸟类飞翔器的进化，涉及骨骼、肌肉、羽毛等复杂的进化改变，在时间跨度上从晚侏罗纪直到白垩纪中期，至少经历了数千万年的演化。当然，如果没有灾难性大绝灭，也很难出现大突变大进化。

大进化自主性与作用不可否认，但小进化靠小突变积累进化速率太慢，完全不能解释化石记录所显示的高级分类群的快速产生的事实。大进化通过大突变或大绝灭的特殊机制而实现。虽然理论基础不多，但大进化所显示的非均匀特征、集群绝灭和“爆发式”的适应辐射等现象给予了有力辅证。如果这种大绝灭和大进化没有结合小进化的逐步修饰很可能会遭受夭折的，从这个意义上讲，大进化与小进化可以看作不同层次的作用，两者不是对立与脱节，而是有着共同遗传机制在起作用。总之，大绝灭促使统治种类灭亡，为新种发展提供机遇，是毫无疑问的，使整个生态系统得以重组，成为大进化的动力。

四、未来的大绝灭

翻开生物地质史料，各门类生物的发生、进化、发展到鼎盛后总会出现大的集群绝灭，而正常性的兴衰则是不断发生。这是偶然事件或是有规律的发生，值得思考。美国著名生物化石学家劳普和赛普科基根据一个大型的古地质年代的海洋动物的化石记录数据库，于1993年提出动物种群起源与绝灭与地质年代作为分界线相吻合的五次大绝灭观点，结果如图6-2所示。按照这个观点，我们正好处于6500万年的循环周期中，未来的地球生物的命运将会怎样发生呢？如果说，上次导致恐龙消失的大绝灭是彗星撞击地球所致，那么地球这次新一轮生物大绝灭的罪魁祸首可能就是人类本身。

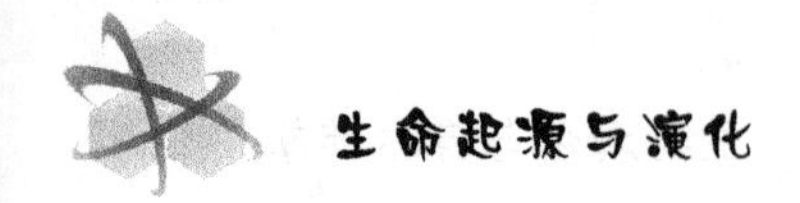

英国生态学家杰里米·托马斯有一份20世纪末对近40年来的英国野生生物的绝灭情况的调查报告。他们采集了1.5万个生物标本,由此建立了庞大的数据库,发现某些区域的蝴蝶种群自近20年来减少了71%,鸟类种群减少了54%,植物减少了28%。有两种蝴蝶已经绝灭,占调查蝴蝶物种总数的3.4%,绝灭的植物6种,占调查植物种数的0.4%。研究者认为这份资料只是一个缩影,并不为过,如果这类数据是世界规模的,那么地球正面临第六次生物大绝灭。

所以,我们在此还得提及生物发生的自然规律问题,即在K－T(6500万年前)绝灭事件后的1000万年里,物种数量有一个突然的增长,而且在中新世纪达到172个科的最高峰。然而,此后的4个记录,从1000万年,500万年,200万年到一万年前,在科的数目上出现了大幅的下降,这意味着哺乳动物已经度过了它的多样性高峰。特别在近一万年来,由于人类对环境资源的掠夺与破坏,加速了哺乳动物的绝灭,其中就中国的华南虎、东北虎和白鳍鲸的绝灭,只是近半个世纪的事。四川大熊猫也濒临绝灭,既有外部环境破坏的原因也有内在生理因素,现在只有靠人工保护繁殖。目前成都大熊猫繁殖研究基地共有人工圈养的大熊猫108只,是全球最大最成功的人工繁育种群供世界各地动物爱好者饲养,并开始野化放归试验。

再有灵长类猿猴,基于非洲和亚洲热带森林的严重破坏,它们的种群数目速度减少,也威胁野生的自由繁殖生存。国际野生动物基金会也设法与东道国一起保护它们的生存环境。

科学会对地球上的未来生命作出什么样的预言呢?全球气候变暖和人类活动干扰,在短时间数百年内对植物影响并不很大,被子植物多样性正处于高峰期。而大型哺乳动物可能继续走向灭亡,因为它们缺乏足够生存空间。

人类将会走向灭亡吗?这是未来问题,目前难以作出正面回答。有人认为人类导致的环境改变所形成的灾变,是地球生命自我调控系统的必要特征。如同沙堆中的沙崩，当系统达到危机状时就会发生，而从一个世界的边缘跨越到另一个世界。生命作为物质的一种表现形式也是在不断改变的。我们将不能阻止或者延续大绝灭的进程，从人类史对地质史来看，这还是相当遥远的时间，以数百万年计。目前，人类只能有理智来建设我们的地球家园，减少对环境的破坏，保护生物多样性，这等于为我们生存时代放慢了对物种的绝灭进程。

第四节　分子进化与分子系统学

生物大分子核酸和蛋白质，它们不仅是细胞的重要组成成分，而且也是物种遗传信息传递者和组织器官功能表达者。我们从大分子层次观察生物进化有其不同于表型进化过程，以系统树方式表达出来而建立分子系统学还在开展着。

一、何谓分子进化

1. 概　念

分子进化一词包含两层意义，其一是在细胞生命出现之前的演化，即生命起源，其二是在细胞生命发生后，随着分子进化在细胞、组织、器官、个体及种群等各个层次上发生。我们所说的分子进化就是指生物从低等向高等进化过程中在各组织器官层次上可比较的大分子物质的变化特点或规律。

如果以核酸和蛋白质的一级结构的改变，即分子序列中核苷酸或氨基酸的替换数作为进化改变量的测定，进化时间以年为单位，那么生物大分子随时间的改变，即分子进化速率。就像“物理学的震荡现象”一样，几乎是恒定的。

2. 稳定性与保守性

大分子进化的稳定性和保守性揭示了遗传物质的稳定性状。我们通过比较不同物种同类(同源的)大分子的一级结构,就可以计算出该分子的进化速率。对于某类蛋白质分子或某个基因(或核苷酸序列)来说,其分子进化速率可以表示为氨基酸或核苷酸的每个位点每年的替换数,即 $K=D/2tN$,其中 K 是分子进化速率;D 是氨基酸或核苷酸替换数目;N 是大分子结构单元(氨基酸或核苷酸)总数,如血红蛋白由 141 个氨基酸(aa)组成;t 是所比较的大分子发生分异的时间,$2t$ 代表进化时间,进化经历的时间是分异时间的 2 倍。

根据不同动物种的血红蛋白分子的一级结构比较和计算所得出的分子进化速率是每个氨基酸位点每年替换数为 10^{-9}($K=10^{-9}$/aa. a)。若用人和马的血红蛋白比较其 α 链上有 18 个氨基酸位点替换了,计算得出的分子进化速率 $K=0.064\times10^{-9}$/aa. a。用人和鲤鱼的血红蛋白比较,有 68 个氨基酸位点差异,计算出的分子进化速率 $K=0.24\times10^{-9}$/aa. a。

大分子的保守性是指功能上重要的那些蛋白质大分子在进化速率上明显低于那些功能不重要的大分子。例如,血纤肽没有什么生理功能,它的进化速率比血红蛋白快 7 倍,而胰岛素原的部分 C 肽的进化速率亦高于胰岛素 6 倍。因为C 肽在胰岛素形成时就被移除了,是没有生理功能的部分。又如 DAN 密码中的同异替换比变异替换发生频率高,因为前者不会引起对应的蛋白质氨基酸顺序的任何改变。内含子(基因之内功能不明的插入序列)内的碱基替换也相当高,大致等同于或高于同义替换。

再者,功能上重要基因其内在有个保守区存在更能说明问题。例如大肠杆菌和高等生物基因中启动区域转录起点内的“保守区”却很少发生替换,这在目前基因工程上有其重要作用。功能上重要的生物大分子进化保守性,也是遗传物质基因的同源性,并说明大分子进化随机发生的稳定性可能受到某种机制的控制或保护。

二、分子进化中性论

1. 论　点

20世纪中后期，由于分子生物学的发展，人们开始对蛋白质和核酸分子进化改变，着重于蛋白质中的氨基酸和DAN中的碱基替换进行了比较研究。在这期间，木村与太田（Kimura，1968，Kimura与Ohta，1971），金与朱克斯（King和Jukes 1969）几乎同时提出了一个称为“分子进化中性论”的观点。随之，木村（1983）在他的《分子进化中性论》专著中进行了论述，并提出在分子层次上解释“非达尔文式的进化”现象。

分子进化中性论的中心论点：在生物分子层次上生物进化改变不是由自然选择作用于有利突变而引起的，而是在连续的突变压之下由选择中性或接近中性的突变的随机固定造成的。所谓中性突变是指对当时适应度无影响的突变。

值得指出，中性论虽然承认自然选择在表型（含形态、生理行为的特征）进化中的作用，但否认自然选择在分子进化中的作用，而大分子进化的主要因素是机遇与突变压。中性论主要依据：①分子层次上的大多数变异是选择中性的；②蛋白质与核酸分子的进化速率高而且相对恒定；③突变压在分子进化中的作用已得到许多证实；④按群体遗传学的数学模式计算出来的自然选择代谢过高，不符合实际情况。

2. 证　据

从分子层次看，绝大多数突变是选择中性的，例如在DNA的64个密码子中，除了3个停止符号，其他61个密码子共有549种替换，其中同义替换134种，占总数24.4%，无义替换23种，只占4.2%，变义替换392种，占71.4%。这就是说，同义和无义替换占总数的1/4以上，在变义替换中亦有相当部分是无显著表型效应的。

一个最重要的现象，在生物基因组中，编码基因不多而非编码的DNA

占绝大部分。例如,人基因组的蛋白质编码DNA只占1%多一点,其余的是非编码的卫星DNA(约5%)、中介DNA(约25%)及其特异DNA。所谓卫星DNA多是短的、重复序列,特异DNA是非重复序列与中介DNA相间分布。所以,整个基因组的结构就像是相对稳定的结构基因(编码基因)小岛散布于许多易变的、重复的核酸序列中受到保护,致使大多突变发生在非生物编码的DNA上。

另有自然种群遗传结构的分析证明,种群内的遗传多态性是普遍存在的,大分子多态性尤其常见。中性论认为分子多态性不是由于平衡选择保持的,它是由突变和随机绝灭两个相反过程之间的动态平衡保持的。假如种群内大多数突变是选择中性的,即这些突变不受自然选择作用。那么它们如何让在种群中扩散并达到固定呢?中性突变的频率变化是随机的,即只能通过"随机漂移"而达到固定。

在这种情况下,大多数中性突变,甚至某些微小的选择利益突变,也会在不多几代的漂移中随机消失了;只有很少的突变经过很长时间,才能扩散到整个种群而达到固定。木村(1989)给了如下的计算公式:$Ky=(vt/g)f$。

分子进化速率,通常以年为时间单位,突变率以世代为单位,式中g为每世代的年数,如果几乎全部突变都是中性的,则$f=1$,这时$Ky=vt$或$Ky=vt/g$;这个最大的速度率等于突变率。这里复杂假设和计算就此省略。

我们所关心的中性论与自然选择学说是对立的,或是作为某种补充。首先承认中性论只是解释分子进化的一种理论,是有意义的,它虽然很好地解释了分子多态性起源,但未能解释表现型的适应进化。其原因何在?中性论所及的只是生物大分子一级结构单元的中性替换,那是一种无显著表型的突变,也是一种无功能的突变,它不能包含和代表分子进化的全部。为什么功能重要的大分子的替换率低,表现出极大的稳定性和保守性,实际上,中性选择对所及的只是生物大分子一级结构单元的中性替换,那是一种无显著表型的突变,也是一种无功能的突变,它不能包含和代表分子进化的全部。为什么功能重要的大分子的替换率低，表现出极大的稳定性和保守性，实际上，中性选择对最重要的遗传密码起保护作用。由此，我们不能不认为大分子的“保守区”，即遗传编码的起动区可能存在一种特有效的阻遏基因突变的保护机制。笔者认为达尔文的自然选择学说是不可动摇的，它可以包容分子中性突变内容，成为现代自然选择在分子水平上的认识。

三、分子系统学与分子系统树

1. 概　念

分子系统学研究始于20世纪中后期，它是根据生物大分子核酸和蛋白质的贮存信息推断生物进化历史，并以系统树的形式表示出来，这就是分子系统学的目的任务。我们知道，表型信息的传统分类学或系统学是以追溯表型为特征随时间改变的历史过程，而分子系统学只是追溯生物同源大分子的进化历史。假如大分子进化速率是相对恒定的，那么，大分子的改变只和它所经历的时间呈正相关。换句话说，大分子的进化改变量是进化时的函数，因而可作衡量不同进化单位（物种）之间亲缘关系的指标。

如果我们把不同种类生物的同源大分子核酸和蛋白质的一级结构进行比较，其差异量的核苷酸或氨基酸只和所比较的生物由共同祖先分异以后所经历的进化时呈正比。因此，研究者就可以用这些差异量数据来确定所比较的各生物种类进化中的地位，并由此建立系统关系，称为分子系统树。

2. 方　法

构建分子系统树的方法与表型系统树方法基本相同，从低等到高等发展，只是在具体操作上有所不同。用于系统分析的生物大分子的特征，包含两类：具体特征和比较特征。例如，毛色特征可能有白色与黑色或更多结构。对于大分子而言，用于系统分析的具体特征就是大分子序列，不同物种的同源大分子的同源点构成一类特征，每一个位点有多种可能的特征状态，对于DNA或RNA来说每个位点有4种特征状态（对应于4种碱基）。例如，某一物种的18SrRNA序列的第130位点为G，位点130是一类特征，G只是一种特征状态。我们首先要获得每一个分析对象的每一类特征的数据，构成一个数据矩阵，它是由数据 x_{ij}，i 指物种，j 指转类别，x 就是具体特征状态。

系统分析的前提，不仅分析对象(大分子)是同源的，而且所比较的大分子的位点也是同源，即分析对象的某一位点必须确定可追溯共同祖先的同一位点。将所比较的大分子序列的对应要一一确定，即谓顺序排列。排列可以手工进行，也可用计算机，但是，大分子排序以同源已知位点作参照，就可以逐一比较确定。例如，我们比较下面三个序列碱基：

S1　　AGACCTAGT

S2　　AGACTAGT

S3　　AGAACCTAGT

由此得出，S1和S2较之S3分别出现C和AC空隙的差异。接着通过检查与计算获得相似性和其距离的数据，将大分子序列具体特征转换为比较特征，才能进行系统分析。这种转换过程可能会丢掉信息，因为大分子上的某一区域可能在进化过程中发生多次突变，包括回复突变，而后来的突变可能使先前突变结果全部或部分消失。

3. 树系的构建

根据大分子同源测序的相似性和距离数据构建分子进化树系的方法很多，其中最大简约法是现在最广泛的应用分子系统学中的简约法与传统分支系统学中的简约法原理是一致的，只是前者所依据的特征是数据化的，后者涉及的多是非数值的表型特征。

近几十年，用不同生物的同源蛋白质大分子作比较，如对血红蛋白和细胞色素C等取得的结果，以显示出人与黑猩猩、大猩猩有相近的血缘关系，而与猪狗血缘较远，鱼类更远，从而构建起局部的分支系统树。在这分子系统学研究中，科学家对原核生物和真核生物的许多门类进行了16SrRNA和

18SrRNA 序列检测，数据经计算机分析，建立起一个分子进化树。这项研究基于真核生物发生于“内共生学说”，福克斯等人(1980)推算它们之间16SrRNA 的差异量(其根源可追溯到30亿年前)，提出了古生菌、真细菌和真核生物三条主干进化路线(图 6-3)。

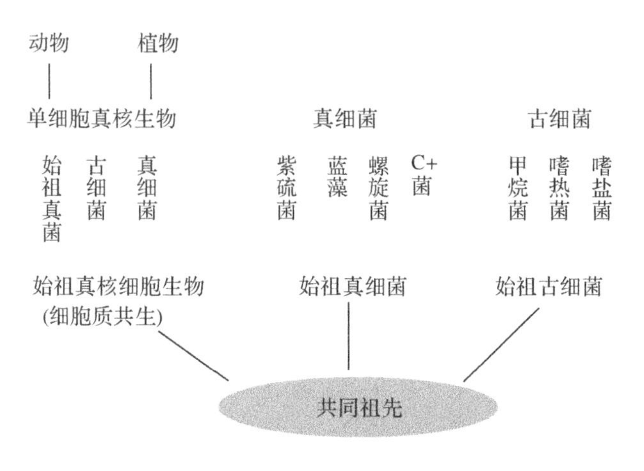

图 6-3　16SrRNA 序列的三界生物系

(Fox 等人 1980 年)

沃爱斯(C. R. Woose)等(1980)也提出了三支并列的，以原真核生物为主干的构成真菌、动物、植物进化系统树(参见第四章图 4-13)。随后，Oisen 和 Woose(1993)又提出一个生命世界的系统发育树状图，都是以观点的发展，大同小异，确认古生菌是真核生物演化道路上的一个盲枝。

这个分子系统学研究支持真核细胞的共生细胞说，即真核生物是一些原核生物通过细胞质内共生途径而来，因为细胞内含有独立复制的线粒体和叶绿体，它们的 DNA 为环状，核糖体为 70S，这些都与细菌、蓝藻相同，也可说线粒体来自吞入的需氧的原核细菌，叶绿体来自吞入的原核藻类。古生菌不仅生活习性很特殊，如嗜盐的、极端、嗜热的、嗜甲烷的，而它与真细菌 tRNA 分子中核苷酸顺序有明显差异。真核细胞 rRNA 的核苷酸顺序和这两类细菌的 rRNA 比起来也截然不同，由此表明真核细胞不是来自原核细胞，而是远在原核细胞生成之前，各自独立分支演化。分子系统学的研究结果大部分与传统的表型比较而建立的系统树相符合，最大的不同点在于纠正了真核生物不是由原核生物进化来的，而其他等级分支的演化关系或某些古生物亲缘确定的不一致性，可视为一种补充。

第七章　人类由来与进化

人为万物之灵，有智慧，有发达的大脑，有语言，有文化，不仅能劳动，制造工具而且已创造了人类世界的社会文化的物质文明。但是，从生物学观点看，人也是由动物进化来的。所以，在林奈分类系统中，人、猿、猴都属于灵长目，人又独立为人科、人属、人种，而 3 种大猩猩则属于猿种。两者亲缘最近。达尔文在他的《人类的由来》(1871)专著中提出了人类起源于古猿，即人猿同祖观点，但缺乏直接证据。这项研究在 20 世纪从非洲、亚洲到欧洲各地域都已找到不同演化阶段的猿人、能人、直立人和智人的各类化石与遗址，取得了很大的成就。

第一节　猿人—能人—直立人的演化

新生代从 6500 万年前开始，一直持续到今天。新生代是原始灵长类出现，也是鸟类和哺乳动物大发展时代。这时大陆各洲基本形成，气候从温暖转变为干冷，四季逐渐分明，森林广布全球。距今 2300 万年的中新世，近代哺乳动物出现，灵长类的猿、猴快速发展，由此也推动古猿起源与人类演化。

一、南方古猿发生

1. 非洲和亚洲各自发生

如果认为古猿，即猿类在2300万年出现，主要发生地是非洲东南部，可能还有亚洲东南部。然而，在1200万年前，非洲因地壳运动，有趣地出现一条大裂谷而把非洲分割成大块的西非和小块的东非，并由此形成独立的动植物生态系统。西非森林茂密，其古猿在森林中生活继续向猿类演化，而东非因森林雨量减少变得稀疏而出现草原，迫使猿类离开森林来到地面活动，开始行直立或半直立生活方式。这就是早期人类由来之端。那种人类起源的单线条观点，认为东非有一小支古猿脱离原始森林的攀援生活演化来的，大约在600万年前已形成独立行走的古猿，分布在非洲南部，这种见解是与最早在东非山谷发现的南方古猿头盖骨化石有关。

按照人类多线条观点，在同一生物地质年代，可能有多个人科物种出现，在地球不同地域以先后有时间差地演化着，这个符合生物适应辐射进化法则，人类也不例外。早在20世纪初，在东亚有爪哇猿人和北京猿人化石的发现，而欧洲则有尼人发现，都有上百万年的生活史。在此时腊玛古猿化石在亚洲西南部及中亚都有分布，已具一定人科特点。更早的根据现存的猿类，有大猩猩、黑猩猩和猩猩3种，它们都是现代人类的近亲，那么，人类的祖先类人猿与猩猩的祖先古猿兄弟俩在什么时候开始分道扬镳，即各走自己的演化之路呢？这也是研究人类起源的一个重要问题。一般认为，它们始于800～1000万年前，这在后边还有许多论述。

2. 南方古猿化石的证据

现在，人们对非洲南方古猿（*Australopithecus*）化石作为人科早期化石代表是比较肯定的。自1924年英人R. Dart在非洲南部金伯利山谷河床发现第一个南方古猿头骨化石直至20世纪末在东非埃塞俄比亚、肯尼亚、坦桑尼亚大峡谷一带也发现早期的南方古猿，前后发掘出数百个个体的头骨与骨骼化石,生存时间从500万年前持续到约150万年前。目前非洲这一带的南方古猿化石相当丰富,而其他地方较少发现,不能由此认为非洲南方古猿就是人类唯一的祖先。

南方古猿可分为若干不同的类型,如早期非洲南部和东部发现的南方古猿在形态上有显著差异,而被区分为两个种,即非洲南猿(*A. africanus*)和粗壮南猿(*A. robstus*),后者比前者粗壮。后来在东非发现的南方古猿又被命名为鲍氏南猿(*A. bisei*),实际上是粗壮南猿,它们生活的时间稍晚,大约在100～300万年前。20世纪70年代在埃塞俄比亚的阿法地区发现较早的(350万年前)南方古猿被命名为阿法古猿(*A. afarensis*)。其中,最完整的骨骼被称为"露西"的,早有直立的特征,即已能直立行走,且可能属阿法古猿向人类演化过渡类型。这是一具有代表性的标本骨骼化石(图7-1)。90年代在距离"露西"出土不远地方又发现了更老的南方古猿,被命名为始祖南猿,年龄在440万年左右。这一系列南方古猿化石的发掘确实非常有意义,它们弥补了早期古猿向人类演化的直接证据。

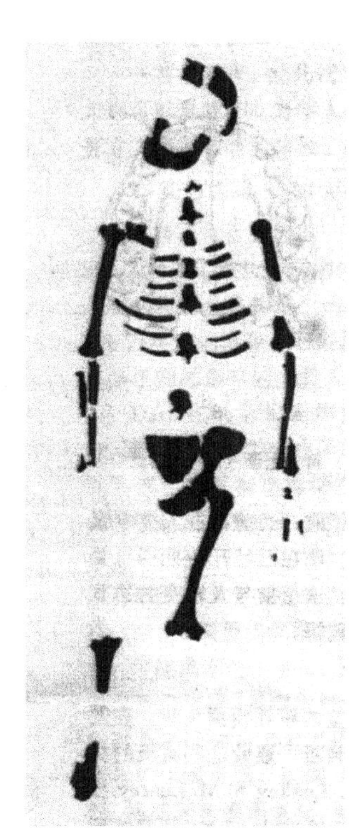

图7-1 阿法南猿"露西"的骨骼

从形态上说,南方古猿是猿与人特征的混合,其身材与体重大致与现代的黑猩猩相近;头小、脑量为400～500mL,但从颅内膜形态来看,其脑皮结构比猿类复杂,与人脑皮层结构相似,更有颅底结构及枕骨大孔的位置显示出头部大体能平衡保持在脊椎上方,身体已能直立。当然,猿人的颜面骨发达且外突,保留着猿的特征,臼齿发达,犬齿变小。根据南猿骨骼结构所显示直立特征,但臂与肩胛的结构似黑猩猩,适应于攀援,可见它们的生活还未能完全离开树上的特征。从以上两方面资料，我们应该看到，大约在500万年前，生活在非洲的南方古猿已经分化出一支离开森林，向直立人方向转变；而大部分南方古猿继续生活在密林中，成为今天非洲的猿类。

现在，我们再来看一下东亚的南方古猿化石。以前，人们认为最早发现于印度的腊玛古猿(*Ramapitecus*)和西瓦古猿(*Sivapithecus*)是人科的最早的祖先，类似于非洲的南方古猿，它们生存于东亚中新世900～1400万年前。由于西瓦古猿颌骨较粗大，有些学者认为它不是人科动物而是猩猩的祖先。后来，我国学者吴汝康(1989)认为腊玛古猿化石在亚洲西南部(中国云南，巴基斯坦)、中亚(土耳其)以及欧洲(匈牙利)、非洲(肯尼亚)皆有发现，而且，中国云南禄丰所发现的腊玛古猿被命名为禄丰古猿(*Lufenpithecus*)，它具有比其他方面更多的人科特征。

如果中世纪的腊玛古猿和中国的禄丰古猿是亚洲人科最早的化石代表，则可以推测人与猿的最早分异发生在900～1400万年前。根据某些同源蛋白质分子一级结构的比较而建立的分子推算，人与猿的分异时间为600万年前。这样，化石的地层年代的数据与分子数据相差甚大，这可能与蛋白质分子进化速率缓慢，且恒定有关，故有人对腊玛古猿是否属于人科的最早祖先仍有争议。我们认为腊玛古猿作为亚洲古猿的代表在1000万年前后的化石已得到多处发现，只是后来在100～500万年间的化石缺少，使得中期猿人的演变没有非洲南方古猿演变之路那样清晰。这不能说亚洲的古猿演化已经中断，后边将有所涉及。

二、能人—直立人化石依据与演化

1. 能　人

猿人向人类演化，距今约250～50万年，由此可分早期猿人，或叫能人(约为250～175万年前)，而晚期猿人或叫直立人(约为160～50万年前)。1959年，M. Leakey在坦桑尼亚奥杜伟(Olduvai)峡谷找到一个完整的粗大头骨，脑量约530mL。1961年，他们又找到更进化的人科化石，脑量在600mL以上，颅骨与趾骨更接近于现代人，并能制造石器。所以，把它放在人属，称之能人（*Homo habilis*）。随之，这样的能人化石又在肯尼亚和埃塞俄比亚发现，其头颅的脑量已达600～700mL，生存时间大致在250～100万年前。能人的一个重要特点是已经直立行走，过群居生活，能制造石器，它们可能由阿法南猿进化而来，因为它们生存的年代与地域都是相衔接的。在亚洲早期猿人化石缺失而晚期猿人却有发现。

2. 直立人

直立人（*Homo exctus*）是根据亚洲爪哇猿人和北京猿人的化石所确定的。19世纪末和20世纪初，荷兰人杜布斯（E. Dubois）先后在印尼爪哇等地发现头骨和股骨化石约30多件，命名为爪哇直立人，其生存时间用C^{14}同位素测定龄误差较大，大致在200～50万前。

1921—1927年瑞典人安特生和奥地利人斯坦斯基在北京周口店洞穴沉积物中发现了两颗牙齿，经鉴定命为北京中国猿人（*Sinanthroups Pekinensis*）。1929年斐文中等人继续在周口店发掘，找到第一块猿人头盖骨，直到1949—1964年间又大规模发掘，获得头盖骨5个，头骨碎片15块，下颌骨14块，牙齿147枚，代表40多个体。现在，把这几次在周口店发现的各种化石归入直立人，亦称北京直立人（*Beijing Homo exctus*），其脑量平均为1089mL，生存年龄大致为25～50万年前。在20世纪六七十年代，在中国陕西蓝田、云南元谋、安徽和县等地相继发现了蓝田直立人、元谋直立人、和县直立人，它们的脑量在800mL左右，生存年龄在100万年以前。

早在1907年，有人在德国海德堡发现了一块结实粗壮的下颌骨化石，命名为人属的一种，叫海德堡人（*Hemo heidelber-gersis*）。它距今生存为50～40万年前，是欧洲最早发现的猿人。随后，人们在法国阿拉戈和英国东部海岸博克斯格罗夫也有海德堡人遗址出土，已被公认为欧洲的直立人。

现已查明直立人化石广泛分布于非洲、欧洲和亚洲，身高约1.5m，其骨骼支架与现代人相似，颅骨仍有原始状，如头骨低矮，眉骨粗壮，牙齿比现代人大，脑容量在800～1000mL。

直立人已能够创造出早期的旧石器文明，有原始的社会组织，过群居生活，男女分工，能用石斧砍制造棍棒和投掷器掠取大型动物，还用石头敲碎动物骨骼，头颅，吸吮骨髓，并用火煮烤食物，支配自己生活，穴居山洞，提高了生殖率，扩大了活动范围。图7-2则清楚地表达了南方古猿向人类演化时脑量的增加和体重的变化，而猩猩的脑量极小改变而体重增加。

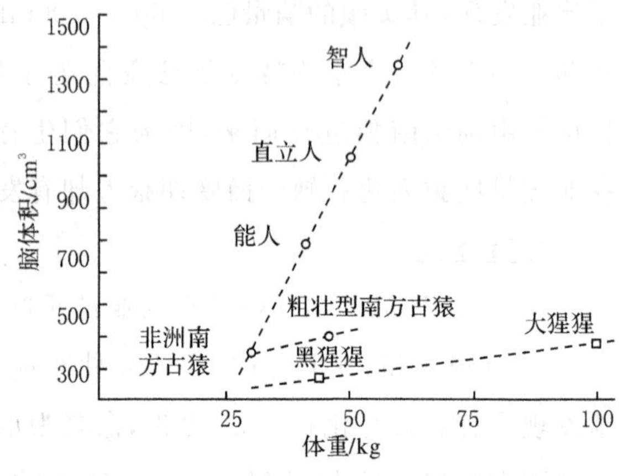

图7-2　南方古猿演化的脑量与体重的比较

三、现代智人的化石与演化

现代人属于智人(*Homo sapines*)，智人亦分为早期智人(或叫古人)和晚期智人(或叫新人)两类。

1.早期智人

早期智人距今约50万至5万年前，为旧石器中期。他们制作的石器已有较大的改进，有各种形状的石刀、石斧、石球，精制的木棍、木棒，外出打猎带着必要的石器和木棒。在智人的洞穴中已发现如大象、野猪、野鹿这些野兽的骨骼和火烧灰的堆积物。早期智人已有一个重要的社会分工，男子外出打猎为生，而女子在家管理子女以及做饭安排生活杂事，形成了母系氏族制。

早期智人化石分布于亚洲、非洲和欧洲各地。尼安德特人早在1858年发现于德国尼安德特河谷的早期智人，距今30万～20万年前。其化石遗存比较丰富，有完整头盖骨和体骨。尼人骨格粗大，身高 1.5～1.6 米，眉骨突出，额明显后倾，脑容量约有 1230mL，智力相当发达。我国在 20 世纪中后期发现了多处早期智人，他们是广东马坝人(1958)、湖北长阳人(1956)、山西丁村人(1954)、陕西大荔人(1978)和辽宁金牛山人(1984)。

1984 年北京大学考古系师生在辽宁营口市附近金牛山洞穴沉积物中发现了金牛山人化石，头骨的形态特征已接近现代人，颅骨较发达，脑量为 1390mL，枕骨大孔位置较北京直立人更接近颅底，经同位素检测，头盖骨化石及同地层的动物化石年龄为 28 万～20 万年前。这是目前所知的最老的智人化石，它的生存期与北京直立人重叠，换句话说，较原始的北京直立人在金牛山早期智人出现之时尚未绝灭。由此可见，从直立人到智人的进化并非单线系进行，而涉及人种形成的线系分支的资料在我国北方地域就得到丰富。

2. 晚期智人

晚期智人又称新人，在形态上与现代人几乎完全相同的人类化石，可追溯到 4 万年前并延续到 1 万年前旧石器晚期。这时期为原始社会母系氏族全盛期，随着生产发展和定居生活，建造起简单的茅屋居住，婚姻制由群婚逐步转向对偶婚，形成了比较稳定夫妻家庭关系。时至 1 万年前产生了农业和畜牧业，有了打击石器工具、有粗玉器和贝壳装饰，用骨针缝制兽衣遮寒避暑，父系氏族社会形成，并开始用火制作陶器，以盛水与谷米食物之用的新石器时代。

这时期最早发现的新人化石是 1868 年在法国南部的克罗马农(Cro-Magnon)山洞发现的，故叫克罗马农人，距今生存期为 3 万年前，身高达 1.82 米，其头部颅顶高而宽大，脑圆丰满，脑容量达 1600mL，比现代人都大，具有相当智慧和技巧，会大量使用石器，还有弓箭、驯狗。克罗马农人被视为现代欧洲人的祖先。在欧洲发现的早期智人化石叫尼人，曾在欧洲大陆数十万年有过广泛分布，早先认为尼人是白种人的祖先。据考，尼人在 3.5 万

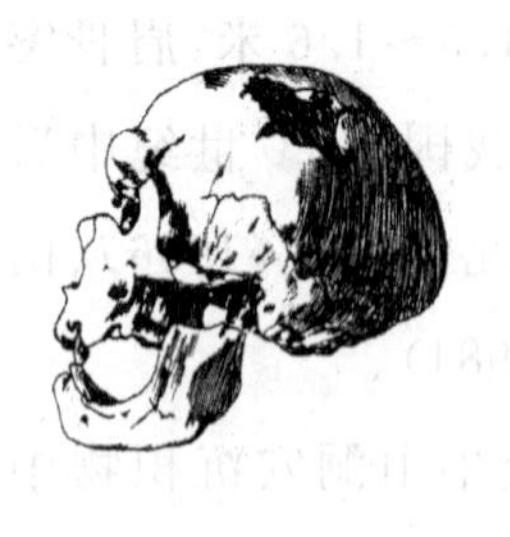
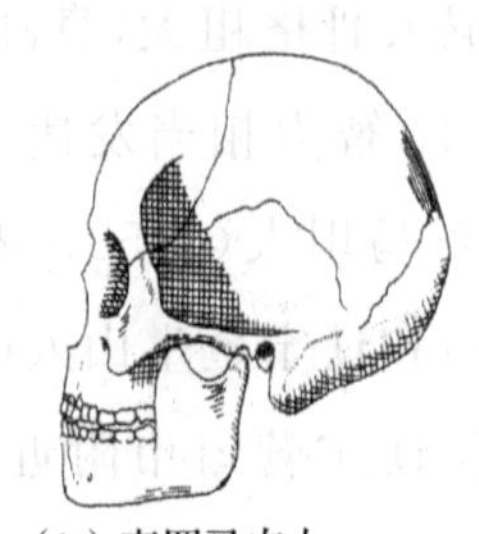
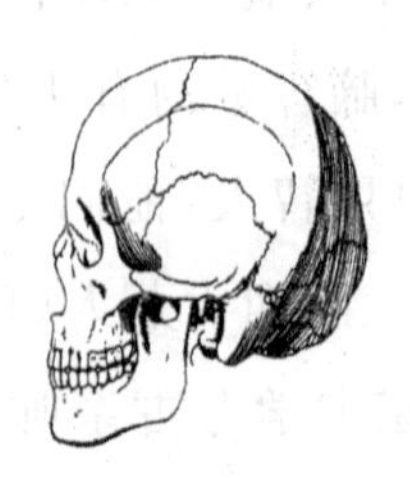
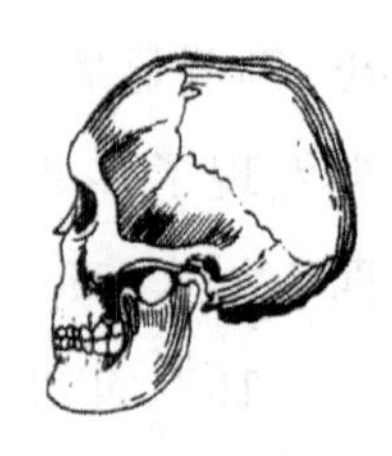
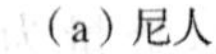

(a)尼人　　(b)克罗马农人　　(c)山顶洞人　　(d)现代人

图 7-3　智人化石与现代人头颅

年前突然绝灭了，这是一个谜。图 7-3 是智人化石与现代人头颅比较。

由于尼人与克罗马农人在形态上有显著的不同，这说明欧洲的晚期智人不是由尼人线系进化来的。但有人认为尼人是早期智人，能渡过最后的严寒冰川期演化而来那种被晚期智人取代的说法是难以解答的。克罗马农人是否在第四纪冰川时从尼人的一个亚种进化而来也证据不足。由此认为欧洲白种人的现代智人祖先是多线系的进化，或来自 7 万年前的非洲人境而消灭尼人的后裔，都值得深入考据的。现代人的“出现”标志着生物进化达到顶点，但 Fortey(1997)认为如果把非洲智人和现代人区分开，又把尼人当作一个灭绝支系，那么，现代人的进化不是特有种类了。这是一个有趣的提问，也就是现代人有过三个种的发生与存在。

第二节　现代人种的起源

现代人类发生何处，目前有两种观点：一种是非洲中心辐射说，另一种是多地区发生说。本章在前一节已经论述古猿分异与演化，而人猿又经历了能人、直立人和智人的三个发展阶段直至现代人。人类对生物进化的认识远没有终止。

一、非洲中心发生说

1987年美国学者威尔逊(A. C. Wilson)等,根据现代人各地182种线粒体的类型建立一个人种基因型,提出现代人起源于距今20万年前的非洲地区的观点。随后,有人又提出7万年前在欧洲和东亚出现过一场灾难性事件,导致非洲人迁欧亚的观点而得到了强化。韦尔斯(Spencer Wells,2009)在他的《人类祖先迁徙史诗》一书,根据先人迁徙足踪和DNA检测提出:距今10万年前,智人的非洲人走出非洲,向东迁徙穿过中东进入欧洲和澳洲及其东亚,在北移入中国,而成为今天人类共同的祖先。

目前,大多遗传学家支持单一起源说,即为"非洲夏娃"说,其理论基础是:mtDNA,即线粒体DNA,它只通过母系遗传给下一代,在古老群体中应该更加分异,因为有更多时间积累基因变异;迁移的群体只携带部分祖先的基因变异,而mtDNA在新群中演化速率基本不变。蒂什科弗(S. Tishkoff,1996)对人体12号染色体的研究表明,在24个变异中,有21个发现于撒哈拉附近的非洲地区,有3个发现于欧洲,2个发现于亚洲东部、太平洋岛屿及美洲,这说明现代人在非洲比世界任何其他地方存活的时间长。其结论是欧洲与东亚地区现代人的祖先离开非洲的时间大约10万年前,向东扩展至南亚热带迁徙到达东亚,再北移到中国。也有可能外来人与当地人混交融合,而不是战胜当地人取而代之。

根据男性所特有的Y染色体的研究表明,东亚大陆的南方人群在遗传上的多样性非常丰富而北方人群的遗传多样性则较少,这说明北方人是由南方迁徙过来的。另一个重要依据,他们认为在距今约10万至4万年间东亚与中国缺失早期智人化石,恰好在7.5万年前印尼发生火山大爆发而引起北半球第四次冰川期导致东亚本地人种的绝灭。当冰川期开始融化,逐步向北退缩以后,仅存的人类从非洲向外扩展,其中一群东移,成为今日的亚洲人祖先。

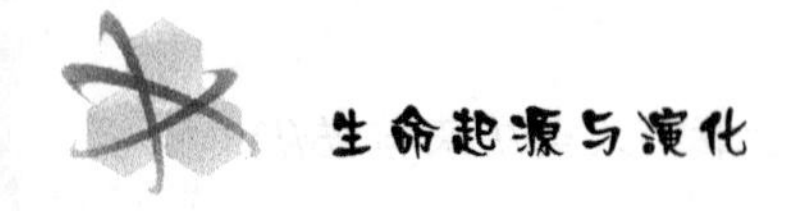

二、多源地区发生说

这个学说也具有世界性的、广泛性的实际证据。1984 年,美国人类学家沃尔波夫(M. H. Wolpoff)和我国的吴智新及澳大利亚的桑恩一起提出的“多地区进化说”。他们认为欧洲、中东、非洲、中亚、澳大利亚和东亚等不同地区的现代人种群都具有不同形态解剖特征,而且与各地区的直立人和智人化石有着明显的遗传关系。因此,他们分别起源于他们被发现的地方。在几万年前,人类的大规模长途迁徙的成功率是极低的,即便有一小支非洲人迁徙过来,不排斥有过混交,融入本地之中,绝不可能消失本地种而取而代之。在种群之间发生基因流动,足以使人类保持一个单一的物种和多个地理种。

即便按照非洲中心发生说有一定的基因变异依据,但并不完全可靠,必然还遇到各种不可逾越的挑战。第一,非洲早期智人为什么要离开非洲,有人认为气候变化,其实,那时第四期冰川仍席卷北半球的欧洲和亚洲,非洲却是最温暖,食物最丰富,当时人群不多,根本不存在争夺领地问题。第二,一小支非洲人沿着什么路线东迁到达西亚和北欧后为什么不停下来,又来到东亚及中国呢?在这长途迁徙过程中,难道不受当地人的阻击吗?第三,在那 10 万年至 7 万年前冰川逐渐解冻北移,但北半球的中纬度气候仍然寒冷,那么一小支原始人徒步迁徙征服世界是不可思议的。

多源发生说者认为直立人的各自演化之路不一定同时发生的,例如,从头骨与面部相似性分析,澳大利亚土著人起源于 10 万年的印尼直立人。中国辽宁的金牛山年龄达 25 万年,属于早期智人;北京周口店距今 50 万至 25 万年前就生存有北京猿人直到 3 万年前延续的山顶洞人。山顶洞人的脑容量和骨骼特征与今天的中国人没有多大差别而与北京猿人有很大差别。这两者之间好像缺少早期智人(10 万年左右)的中间过渡时期,按此推论,北京猿人属于绝灭人种,却缺少证据。1958 年,我国在南方广西柳江发现了距今 6～20 万年前的头骨化石，被称为柳江人，恰好弥补了这时期本土化石的空缺。所以，3 万年前的北京山顶洞人应该是北京猿人的后裔胜于外来的非洲人。

我国古人类学者丁汝康和吴新智长期从事古人类调查、发掘和研究，根据印尼、印度和我国发掘了的大量猿人、直立人和智人化石，探讨了东亚和我国南北各地古人类的发生规律，提出了人类所经历的几个阶段的连续性和现代人的"多地区进化"观点，论据是比较充分的。本书对人类地域发生说具有包容性，但偏于多源发生说。

三、现代人种

1. 一个多态复合种

全世界的人类都属人科、人属（*Homo*）的同一个生物科，它是广布全球各大陆的人种，包含着若干亚单位的复合种，即为黑种、白种、棕种和黄种四类。人类的种内分异如此明显。这是人类起源的生殖地理隔离所成的有力证据。

当今人种（race）是根据体质上可遗传的性状而划分的人群。通常把全世界的人划分为 4 个人种：①蒙古利亚人（*Mogoloid*）或称黄种人，其特征是：肤色黄、头发直、脸扁平、鼻扁、鼻孔宽大。②高加索人（*Caucasoid*）或称白种人，其特征：皮肤白、鼻子高而挺以蓝眼睛、黄头发为纯种。③尼格罗人（*Negroid*）或称黑种人，其特征：皮肤为黑色、嘴唇厚、鼻子宽、头发卷曲。④澳大利亚人（*Austroloid*）或称棕种人，其特征是：皮肤棕色或巧克力色，头发棕色而卷曲、鼻宽、胡须及体毛发达。

然而，现代人自有史以来，人类社会发展，各地域的人群交往增加，尤其近百年来，人类的频繁交往，通婚自由，种群的基因交流就出现了混血种，纯种之状难以标定。人类除了四大人种差异外，还有各国多地区的种族间的差异，它们是过去的部落、氏族或地方文化习俗群体居住点的限制和隔离所成的如民族间不与外族通婚，而保持其民族文化习俗和遗传特性。组成今日中华民族的56个民族存在着不同程度遗传基因差异，其中，汉族在历史上有过几次大的民族迁移与融合，所以，其内部也有很大分异。

现在，世界上许多国家开始建立种族、民族DNA基因库，以了解种族、民族间基因的差异与变迁的关系，也有助于了解各民族遗传多样性与民族源流及遗传疾病的特点。前些年，由云南大学建成的中国少数民族DNA基因库，保存除台湾高山族以外的55个少数民族的8000多份DNA样品，为目前国内样品最大、收集民族最齐全的基因库。

2. 肤色的生态型

人种或种族生物学的划分不是文化上的分类，更不存在纯种，地里种的优劣分类。如今只由肤色、鼻形等体质特征来划分人种，这些特征视为对气候的长期适应(至少有数万年)，而产生的黑色素多的肤色显黑色，中等的黄色，很少的显浅色。黑色素有吸收太阳光中的紫外线能力，所以，非洲的黑种人的黑色肌肤是一种对热带干旱环境的适应反应。我们认为黑皮肤与其机体组织及生理代谢的演化都具有遗传特性的，例如，血型的多态性可以用来区分种族的种族特性。

鼻形也有适应性，生活在热带森林的人，鼻孔一般宽阔，有利于与外界温暖湿润空气的交换，而生活在高纬度的白种人有较长而窄的鼻子，可以帮助冷空气暖化和湿润后进入肺部。黑人的汗腺比白人多，有利于在炎热环境中散发体温，避免中暑；还有宽阔的嘴巴和厚的嘴唇也有助于增加水分的散发与降温。对于黄种人眼裂狭，可能与保护眼睛免受风沙尘土袭击有关，而扁平的脸型和半满的脂肪层能保护脸不受冻伤，如此等特征都可以说明它的作用。

目前，关于人种的体质特征的生态演化还缺乏应有的资料，但是生物适应环境的进化原则是普遍适用的。可以认为人类四大人种的基本特征大约是在3～4万年前的晚期智人阶段形成的。例如，在中国发现的柳江人和山顶洞人化石具有黄种人的特征。在欧洲发现的姆拉德人、克罗马农人都具有白种人的特征。在非洲也有一些晚期智人化石发现，如费洛黑斯巴人(Florisbad)和边界洞人(Bornder cave)具有黑人的特征。那时各地人种已经有组织的母系氏族的旧石器时代，共同打猎采集，共同消费和有血缘家族的产生，强烈地依赖群体的各自隔离的自然环境，而极少与其他种族来往。这时，人类生吃、熟吃混合，用兽皮和树皮遮身、保暖与遮盖。岩壁上出现了动物之类岩画或记事符号，以示人类有了相当思维意识的表达。人类的大脑智慧的表达逐步与语言交换有关，推想早在直立人时已有了发声与手势并存的语言交换而后逐渐进步。现已知道，人脑前叶的语言中枢特别发达，但是如果没有咽喉和声，也不可能产生语言。这都表明人类的语言是长期进化的产物。一旦当物种或亚种适应形成之后，就很难改变它的遗传特性。可现代人类社会文明的广泛交流则是有史以来的事，更是近代的事。

3. 现代人起源模式

现代人的起源前边已经作了详细论述，这里借用一个模式图给予总结，以使其变得更为清晰(图 7-4)。从肤色上，现代人分为黑种人、白种人、棕种人和黄种人 4 种基本类型，从地理上涉及非洲、欧洲、亚洲和澳大利亚四大区域。然而，目前还不清楚现代人种族是在我们的亚种智人刚出现时分化的，还是在此之前直立人阶段分化的。根据“非洲夏娃”起源说，现代世界各地的人类均从非洲起源的。大约在 20 万～7 万年前的一群非洲智人扩散到欧洲及其他地方取代当地居民，如图 7-4 所示。这里主要依据 mtRNA 在古老群体中的迁移应该有更多的分异，而新群体中 mtRNA 演化速率极小。

多地区起源说，认为亚洲、非洲、欧洲的现代人是由当地的直立人演化而来的。如图 7-4(b)所示，它们的主要依据是各地都有不同年代的直立人化石，特别在亚洲先有爪哇猿人和北京猿人化石，随之还有蓝田人、元谋人、和县人化石发现，它们都是 100～50 万年前的直立人。与之相延续的有 25 万～20 万年前的金牛山人和柳江人属于早期智人，直至 3 万年前的北京山

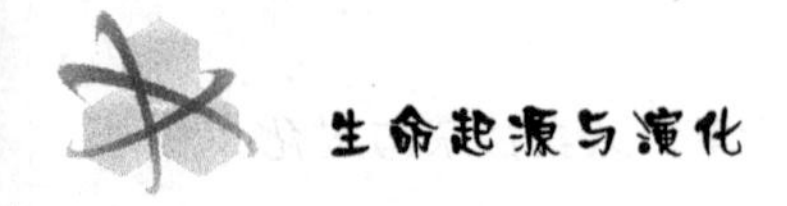

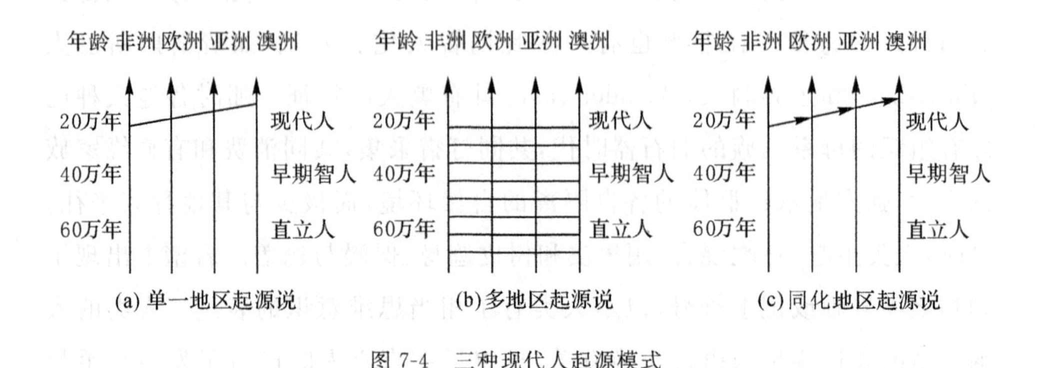

(a) 单一地区起源说　(b) 多地区起源说　(c) 同化地区起源说

图 7-4　三种现代人起源模式

顶洞人为晚期智人。据考察，澳大利亚土著人可能起源于 10 万年前的印尼直立人。在欧洲，早在 50～30 万年出现过海德堡人和尼安德特人，随后还有克罗马农人，距今生存于法国南部的克罗马农人被视为现代欧洲人的祖先。

关于现代人起源的第三种观点，亦可视为折衷观点，它把以上两种观点合并，称为同化说。也就是说，各大洲、各大区域有自己连续的演化阶段，同时，大约在 20 万～10 万年前早期智人首先在非洲演变，然后向各地扩散，并与当地人群同化，而不是取代，如图 7-4(c)所示。现代人起源之所以有不同观点尚有许多问题有待解决：一是古人类化石发掘，譬如中国还未发现现代人起源的关键时期，即距今 5 万～10 万年间生活在中国的人类头骨化石，这也成为 7 万年前从非洲迁移过来的论据之一。不过可以反问，3 万年前的北京山顶洞人化石出现是亚洲人化石而不是非洲人化石又作何解释？二是种群的基因变异规律性研究，也不能作为非洲中心说的主要依据，因为基因变异与迁徙相关性还没有搞清楚。笔者认为，人类如何起源与进化则是一个根本性的重大问题，而对于现代人的起源为单一的、多源的或是混合的是相对次要的。

四、人类的未来

人类的未来，不是科幻小说或新闻媒体可以随心所欲地预测。对于生物科学工作者必须严谨地、现实地对人类未来千百年间的演变谈点看法或许是有意义的。

1. 文明社会的回顾与展望

现代人以制陶器为标志的新石器时代开始，至今仅有1万年。人类进入农耕后建立社会，经历了部落制、奴隶制、封建制度、资本主义制度和社会主义制度。每种制度出现，都有新生的一面推动社会生产力的发展。人类以农业牛耕为主体的生产力建起了国家统治人民的奴隶制和封建制社会，但各国经历的历史长短与情况是不一致的。

时至18世纪欧洲大陆的一些先进国家，如意大利、英国、法国等出现了资产阶级民主思想革命和资本主义生产发展，一场以机械技术革命为中心的社会变革，是人类历史上生产力空前发展的巨大转折，即工厂由手工业过渡到大机器生产的工业技术体系的建立。资本主义国家工业革命仅仅经历200余年的历史，就完成了现代工业机械化和电子信息化生产体系。当然，现代高新科学技术和工业化生产技术的应用达到为全人类共享可能还要花上200多年的历程。这里将涉及广大贫困的非洲国家和许多需要发展的国家。作为全世界人类的共同发展，绝不只是依靠现代工业化生产技术，还有赖于人类生存所需的食物与农产品、清洁的生态环境以及可利用的各种能源及其再生的持续。

可以预测到21世纪末，全人类还难以完成达到现代工业化和农业机械化的共享初级阶段。在未来数百年间，人类要实现资源与技术共享，还必须削弱国家军事机器，不搞国家对抗，停止战争，资本主义制度恐怕难以完成这个使命。现代社会主义制度还在发展生产力，容纳与发展资本主义有用的部分，未来的共产主义理想制度便是物质达到较大丰富时，能否用和平方

式为人类大家所接受,不好预言。

人类也是社会性动物,主宰着这个世界。人类社会文明进步是辉煌的,有国家组织机构、有军队、有警察,有法律制度和学校及文明道德进行有效管理。但是,人类的社会文明始终存在两面性,即人性的光暗两面。西方有位作家,将人性分成两个化身,一个是具有高级才能的“慧马”,它品格高尚,用理智来统治国家。这似乎太完美了,不可能是真实的。另一个是人性污秽的一面,用“人形兽”来做化身,经常表现出不文明行为。人类应该有崇高的理智支撑着走向光明,远离阴暗。可以说,人类至今还没有摆脱达尔文的生存竞争法则或哲学。

我们翻开几千年的人类文明社会历史,实际上是一部战争史和阶段斗争史。从部落争斗到国家王朝更替,直到近代二次世界大战和现代不断的国家间局部战争。其原因在国际上有强权、霸权主义争霸,而各国内部因受统治阶级压迫和贫困不均的矛盾激化。例如近些年来的阿富汗、伊拉克和利比亚战争,本是国内人民反对独裁统治者的内部战争,而西方国家为了自身的利益参与其中变成为局部国际性战争,以美国为首的西方强国,到处干涉别国内政采取所谓制裁或以武力相威胁。世界强国之间为了维护自己的利益也不断摩擦,这种国家之间冲突与对抗在近几百年内都难以消失。目前的任何国家的社会制度都不完善,其实,理想的社会制度是很难实现的,社会上的自私、贪婪、犯罪、杀人,总是无法消除的,表现出人性的阴暗面。所以,人类自有史以来,社会文明进步了,物质文化丰富了,但人类和谐的文明道德观比过去进步了多少,难以评价。我们不能否定人类有史以来的一切战争,战争能推动历史,正义的战争还是应肯定的。

若从人性的阳光、理智方面看,人类社会在弘扬真、善、美与仁慈关爱上所做的工作也是尽力的、富有成效的。譬如,国家提倡干部要有廉洁奉公、勤政于民的理念,普及全民教育事业,组建社会公益福利事业等。当世界各地发生重大自然灾害时,国际性联合机构、红十字会以及各国政府都会伸出人道主义之手进行救援。就家庭或个人而言，有其不幸的特殊遭遇或困难，政府部门会关怀而社会也会伸出关爱之手，给予帮助；见义勇为者也无处不在。这就是人类文明和人性和谐、美好的一面。这种人类品性的两面性，在生物进化论中可以找到依据，未来的人类社会矛盾和争强永远不会消灭，然而，社会进步的动力可能用更多文明与理智方式逐步克服野蛮行为，阻止战争。

2. 体质生理变化

据了解原始人类从直立人向智人演化的几十万年间，身体逐步变得高大、宽悟、结实、健壮，而且脑袋大，脑容量也明显增加，达到最大值。例如，距今生存于3万年的欧洲克罗马农人，身高达1.82m，脑容量为1600mL，比现代人的(1400mL)还大。又如生存于欧洲的早期智人(10万年前)尼安德特人身高只有1.6m，脑容量约1400mL，而后期智人在4.2万年前消失时的脑容量已有1500mL。

前些年，剑桥大学莱弗休姆研究中心的研究报道："人类的身体状况已越过了巅峰阶段。"与依靠捕捉和采集为生的祖先相比，现代人的身体已缩小了10%。身体缩小现象主要发生在过去的一万年中，而人类脑容量也同期减少了10%。这将改变过去错误地认为未来的人类个子和脑袋会变得更大一些的看法。美国人类学家穆默特认为人类受农业的影响、人口密度的增加与传染病的增多，导致世界各地人类种群普遍出现身体缩小的情况，但个别例外。从生理代谢角度看，人体增高会增加心脏和各组织机能的负担。现代人的竞争上岗的繁忙工作都不利于人体增大，因为矮个更有利。

然而，令人疑惑不解的是人类脑容量的进化，最大量出现在2～3万年前的晚期智人，平均已达1500mL而今男性的平均脑容量只有1350mL。穆默特认为，经过现代人上万年的文明进化，大脑容量体积缩小，但效率更高，大脑的能量得到节约，正如现代计算机处理器一样体积缩小了，但功效更高。所以，我们的脑容量虽没有人类祖先那么大，但我们比他们更聪明。

由于现代人的衣、食、住、行完全脱离了原始生活方式。因此，人体的形态、骨骼和肌肉强度都不及原始人粗壮、强悍，而生理结构与功能也会发生相应的某些变化，特别是自然的抗病性降低，更有赖于药物治疗。这种现象不好说是一种生物进化或退化。应该说，人类的进化不会结束，或许某些方面人类进化随文明进化而加速。如果说晚期智人形成了四大人种的外形区别，那么新适应自然选择产生的基因性突变，不只限于皮肤、眼睛、头发、牙齿、骨骼，而且还要涉到大脑、消化系统、寿命、免疫能力和精子生成上。这种内在生理性基因变异，主要与人口密度增大、社会生活习惯改变以及文明社会生存竞争压力增大有关。例如，人类开始饲养奶牛，喝牛奶，牛奶主成分为乳糖，因此，为使人类更容易消化乳糖，产生了一种基因突变，并促进了欧洲现代乳制工业的崛起。时至今日，拥有消化乳糖酶基因的欧洲人为80％，而在亚洲和非洲人中，拥有这种基因变异的人只占20％。

20世纪前期，人类天花、霍乱、伤寒和疟疾等疾病突然爆发，是由于人类密度增大、城市环境卫生变差，致使病菌蔓延开来，随之医治，人类基因突变强化免疫系统，开始了与病毒的“军备竞赛”，以抵制疾病的进攻。目前，艾滋病难治，一方面是HIV病毒发生变异所致，另一方面是有10％的欧洲人已经出现了抗HIV病毒的突变基因，这种突变基因推测是由原先抵抗天花的基因进化而来的。

未来人类一定会有更大聪明才智和创造力，这并不是由于大脑皮层结构变得更复杂而是人类善于学习与探索，后人的聪明才智与创造能力完全在于勤奋学习中吸取了全人类已有知识。这里不排斥适应环境产生的变异基因对大脑的功能和发育有所影响，已知有关神经传递素对神经传递质的影响。当然，现代人的智力在个体上是有差异的，但绝不是大科学家的孩子比农民家的孩子聪明，聪明天赋是不会遗传的，更多的是靠后天努力学习与工作。所以，社会上各种家庭出身的孩子只要到学校接受教育都有成才的可能。我们可以预言，未来的人类，在千百年间，只要不离开地球的生存环境,人体的生理功能与体质不会有很大的变化。

未来人类随着社会福利公益事业和医疗条件的改善可以接受较多的器官移植和基因治疗技术,平均寿命会逐步提高,但不会改变已有的生老病死的观念。在21世纪内,癌症、心血管病和流行性病毒仍然是人类主要死亡病例。当我们科学技术先进时,总想用药物、杀虫剂、除草剂对待疾病、农作物病虫害和杂草。这些低等生物只有变异才能生存下去,因此扰乱了大自然经常演变秩序和生物网。人类总是想控制大自然的生命秩序为我所用,但是,人类文化进化带来的不良后果是巨大的,也是难以预料的。

3.未来的地球家园:人口与生存

人类在21世纪和下一世纪的100多年间是可以预测的,由于各国发展不平衡,为竞争自然资源和摆脱贫困的生存斗争,会经常发生局部战争,不会有谁作出明智选择而让步。未来的地球家园的最大矛盾与冲突是在人口增加和资源的短缺上。当代人类尽管有较大的科学技术和生产力的发展,但仍解决不了快速的人口增长对物质的需求。如图7-5所示为近300年人口增长量。

可以清楚地看出近300年的人口增长曲线,由缓慢到突然加快,也就是说世界人口在18世纪时,增长十分缓慢,19世纪略有加快,大约由10亿增至20亿。自1950年之后,世界进入"人口爆炸"时代,1960年人口为30亿,1974年为40亿,1988年为50亿,2000年达60亿。

目前人口达70亿,预计2050年全世界人口达85亿,21世纪末将会达到120多亿。有趣而著名的马尔萨斯《人口论》曾预言,人口增长必定会出现食物短缺,因为食物增长是数学级的,而人口增长是几何级的。人类为了生存竞争只有战争,还有疾病、饥荒以降低人口,以后人口不大有太大的增长。这种预言在100多年后的今天不灵验了。世界人口在迅速增加而粮食生产也在大幅度增长。有人曾预言,全球的可用资源的适合人口为60亿,最大负荷为120亿。以上的各种担忧并非全错,都有一定的道理,我们如何看待未来的地球家园是需要认真对待。当前，人口增大，人类为争夺资源，各种战争与粮食饥荒同时发生令人担忧。

其实，地球上人类生存空间还是很大的，可利用资源也是很多的。目前，全世界人口分布极不平衡，90%以上人口聚集在10%的土地上，只有10%的人口分散在其余90%的陆地上。全世界人口，亚洲最为密集，占人口总数的63%。现在，世界人口每年增加8000万人，年增长率为1.1%，到21世纪末，世界人口总数将会达到120亿。从近些年看，全球人口出生率开始下降，不少国家的出生率已低于维持人口数量稳定所需的2.1%，如中国已降至约1.5%，德国、日本等国甚至不到1.4%。所以，未来全球人口高增长率或许会得到控制。然而，到了21世纪末，人类的科学技术和生产力已得到提高，也会设法扩大人类的生存空间。首先，可以向山丘、草原和海岛发展，都是极佳的环境，足以增加几倍人，以致十几倍人的利用与居住，更长远的千年之后，可向沙漠和海洋进军，生活利用之地还有很大空间。

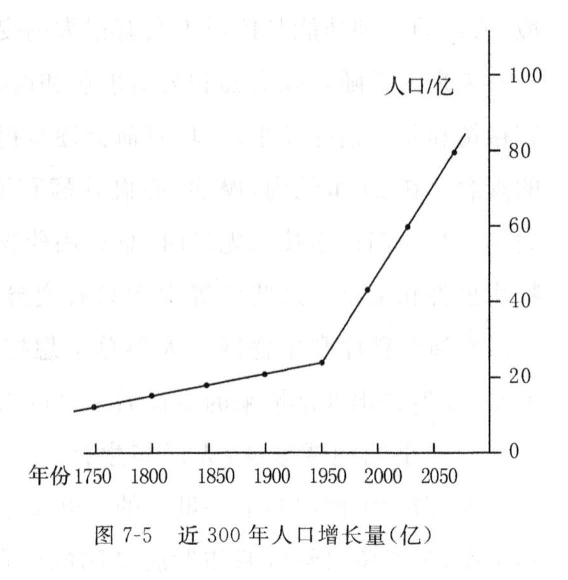

图 7-5　近300年人口增长量(亿)

当石化能源用尽时，原子能和太阳能的利用得以延续，而可持续利用的生物资源不会枯竭。除此以外，某些地区还可利用风力资源和地热资源。人类绝不能破坏传统的森林、草原、生态、热带雨林区域以及湖泊、江河和湿地生态系统，它们仍是维护地球家园生物多样性和物质循环的基础。传统的大农业和现代化大温棚、无土栽培技术的有效结合，仍然是解决人类吃饭问题的主要手段。从光能利用率看，今后只要不断培育新品种，将农作物的光能利用率从1%提高到2%～3%，在20亿公顷的土地上耕耘，就能解决150亿人口的吃饭问题。未来的人类在数百年之后，只要不相互残杀，总不会因饥饿而走向毁灭，但也不会因科学高度发展而减轻衣食住行的负担，除非人类实现国际性的共同富裕之路，才有可能获得较大的改善。乌托邦的共产主义社会能否实现尚不好预料。

人类向太阳系外星空间发展是未来的一种理想之举。预计在21世纪三四十年代人类可以完全登月进行更大的探测和短暂停留的观光。当然，这种观光只是少数探险家和有钱人所为。人类登月建立太空研究定位站是一种设想，但非易事。月球荒芜缺氧而昼夜温差又大，要在这样的恶劣条件下建造一座人工气候温室，以供人类和动物植物生存居住，首先得解决水、氧气来源和植物光合作用以及C、N、H、O、P、S六大元素循环问题。试想这项工程，首先移植一批菌、藻生物使其生长繁殖，就得花费几代人的努力。人类对金星和火星探测开发也在设想启动，而未来的人类文明可以遨游太空，对于少数宇航员和探测者并不难，但人类想离开地球到其他星球开拓则是千万年以后不好预测的事。

第三节　人猿区别之揭秘

自19世纪中叶，达尔文和赫胥黎提出了人类起源于古猿的观点，不被学术界所认同。随后，科学家经过大量的各时期的古人类化石的发现，接受了人类起源于南方古猿的结论。鉴于现代分子遗传学和电脑技术的发展，科学已不满足于以往人、猿之间的表象差异，而是深入黑猩猩和猩猩野外生活区观察真实的种族生活习性和人工饲养的智力测试以及联系到人猿基因差异，进而探讨人猿根本区别所在。这是当代人类进化史上的一大奥秘，也是有兴趣可探讨的实际问题。

一、猩猩分类与分布

在分类系统上，人属于哺乳纲的灵长目，人科、人种。猩猩与人类亲缘最近，属于灵长目，大猿科，亦属人猿超科。

现存的猩猩分为3个属，分别为黑猩猩属、大猩猩属和猩猩属，共4～6种。黑猩猩属分成黑猩猩和倭黑猩猩两种。大猩猩属和猩猩属各有一种或两种亚种。它们是除人类以外智力水平最高的动物。据检测，人类基因与黑猩猩基因只有1.6%的差异，大约在800万年前是一家，拥有共同的祖先。

现有的黑猩猩主要分布于赤道非洲刚果河以北的热带雨林和季雨林中，分布较广泛，从东非的坦桑尼亚一直到西非的塞内加尔都能见到。倭黑猩猩分布于赤道非洲刚果以南的热带雨林中与黑猩猩分布区不重叠，分布范围不及黑猩猩广泛，数量也较少。

大猩猩是现存体型最大的灵长类，也是除了两种黑猩猩外和人类接近的动物。大猩猩有两个彼此分离的分布区，一个在赤道非洲西部包括刚果、加逢、喀麦隆等地；而东部有乌干达、卢旺达等处。一般视东非和西非为两个不同种，其中，东部又有分布于山地森林和低地雨林的为两者有别的亚种。据知，非洲大猩猩数量大减，目前仅存不到2000只。

猩猩，因毛发红色又名红毛猩猩，其外观有别于黑猩猩（黑色）和大猩猩（银灰色）。猩猩是亚洲热带雨林现存的唯一猿类，现仅分布在印度尼西亚的苏门答腊和加里曼丹岛及其相邻的马来西亚。两者分属于不同种或亚种。据知，前些年因森林大火和砍伐，生活在印尼岛国的猩猩急剧减少，现存数量还有9000多只。目前，印度尼西亚和马来西亚都建立了猩猩自然保护区。

二、丛林中的生活习性

1. 黑猩猩(*Pan troglodytes*)

自1960年起，一位英国女青年珍妮·古道尔(Jane Goodall)来到非洲坦桑尼亚丛林，扎起营帐观察黑猩猩生活习性，长达20年，写过报道并拍摄了一部《非洲灵猿》，揭开黑猩猩的神秘面纱而引起动物学界的关注，而今珍妮成为著名的黑猩猩研究者和保护神。图7-6所示为珍妮与她的黑猩猩。由此也推动着人们对非洲黑猩猩、大猩猩和猩猩的野外观察。

图7-6　珍妮与她的黑猩猩

据知，坦桑尼亚的黑猩猩有多达50个家族群。每群少则3～5只，多的有20～30只，以一只成年雄性为领头，但组织松散。白天树上或地下活动，采摘水果为食，还吃树叶嫩枝、野菜，也会吃些动物性食物，如白蚂蚁、小鸟，偶尔捕杀丛猴和小羚羊等。夜间在树枝上筑窝睡觉。雌黑猩猩每月发情一次并同数只雄性交配，雄性间对此无明显斗争，却是强者优先，雌性也有一定选择权，喜选强者。所以，黑猩猩群中的等级划分不像猴群那么严格，它们能团结，共同反抗入侵者。仅这一点，可以看出它们是一类有智慧的灵长类动物，成为人类进化的基础。

据珍妮等动物学家观察，雌性黑猩猩拥有一定地位，因为雌性要哺乳抚养幼崽，维系种群，一般哺乳3年，7～10岁独立，雄性成年后离开母亲行独立活动，雌性往往留在母亲身边，保持兄弟姐妹关系，如一起玩耍、相互梳理皮毛、联络感情。另外，雄猩猩进入成年之后，都要通过武力搏斗来确立自己的社会地位。战斗结束后，失败者将手放在胸前，低头向获胜者表示臣服，而亲戚朋友通过拥抱、接吻以表示问候与抚慰。这似乎表示出黑猩猩懂得鼓励成长孩子走向独立生活之路。美国动物学家费兰斯·德瓦尔确认黑猩猩是好斗动物，当暴力冲突后，它们很快会和解，常见于雄猩猩用手指互相对碰对方的阴囊如同戏玩或触摸受伤部位。侵犯者和受害者之间所进行的感情修复是非常普遍的。当然，有时候黑猩猩种族间的斗争也会显得非常残酷，甚至会杀死对方，包括幼仔。

2. 大猩猩(*Gorilla gorilla*)

大猩猩生活在非洲赤道附近热带丛林中，以素食为主，喜吃植物果实，还有茎叶，也吃昆虫。它懂得有淤泥食物洗净后吃。大猩猩的种群通常以一头雄性为中心，数头雌性和幼仔组成。大群体有达20～30头，就有多头较年青黑背的雄性参加，但为首的银背大猩猩只有一头。领头者能解决群内冲突，决定群体的行动方向，保障种群安全，由此看出大猩猩的集体行动较黑猩猩强。据观察大猩猩种群小家庭很和睦，全家一起觅食，大猩猩很爱自己的孩子，在遇到危险时，双亲不顾一切地保护。

大猩猩种群组合比较灵活，成长的雌性或雄性均可离开它们出生的种群参加其他种群，由于种群之间能相互接纳。雄性大猩猩大约11岁时首先离开它们的出生群，此后单独活动1～2年熟悉外界，随后接近雌性，交配组成自己的小家庭。一般一个种群可以延续较长时间，有时群内会爆发争夺首领地位斗争，总有一头年轻力壮的雄性大猩猩向原先的首领挑战，开始会尖叫，敲击胸部或折断树枝，显示自己的威力，冲向原首领。如果挑战者战胜了原来的首领的话，它一般会把它前任的幼仔杀死，其原因可能是正在哺乳的雌性不予交配。大猩猩的地盘性不是很明显，许多种群可在同一地点找食物，不过一般会避免直接接触。

3. 猩猩(*Pongo pygmaeus*)

猩猩又名红毛猩猩，因毛发为红色而得名。它是亚洲热带丛林唯一的大猿，栖树生活，臂长有力，可在树丛间攀悬摆动。猩猩由于生活在印度尼西亚岛国，靠近海边，因此，它们不仅喜食丛林中的坚果、水果、嫩枝叶，而且还喜食海滩的贝壳、鱼虾。猩猩行走时不是手掌着地而以拳指落地，有别于非洲猩猩。

猩猩也是过群居生活，种群有大有小，组织松散。生活在婆罗洲的猩猩独自活动和进食习性较之苏门答腊的强。种群间无明显的地盘分界。猩猩吃食活动，种群间会重叠，并与之建立社会关系，有助于种群间的繁殖交流。雄猩猩一般到了青春期以后就会与母亲断开关系，但雌猩猩还会回来。猩猩繁殖缓慢，雌性 10 年成熟，30 岁仃息生育，每 3～6 年产 1 仔，哺乳 3 年；7～8 岁独立，活动几年后，开始寻找配偶、组织家庭或种群。红毛猩猩性格比黑猩猩和大猩猩都要温柔，它们远离人类居住地方，比较自闭的灵长类动物。它们夜间既有树居亦有居山洞，如同原始人类一样。

4. 猩猩的捕食本领与手势语言

白蚂蚁是热带森林中一大家族，分布广，富含蛋白质。猩猩喜吃白蚂蚁，如白蚂蚁在树洞中，它们会用手抓开，或用一根小树枝，先剥掉叶片，嘴咬先端，设法从洞中赶出或钩出，而对白蚁巢用木棒捅开，然后挑出蚁卵和蚁体食之。有些学者视这种取白蚁方法是一种智能表现。黑猩猩还能经常用一种原始“长矛”去寻找树洞里白天睡觉的丛猴，首先戳洞看里边有没有丛猴，随后捕捉。这也是一个非人类物种懂得制作工具的重要发现。据观察，在非洲塞内加尔弗恩哥利森林区内，大约有半数的黑猩猩都会拿着“长矛”或木棍在狩猎。还以集体之力抓捕非洲疣猴、小野猪和鹿等动物。

除上述外，还有两组拍摄的照片令人惊叹。如图 7-7 所示，这是法国泽西岛红毛猩猩围场猩猩拍摄的一张照片。爬绳对毛猩猩并非难事，它们去采摘下边灌木枝头黑莓，但够不着，却借用一块破布，让自己倒悬在空中吃个够，实在聪明。另外，有一位科学家在印度尼西亚河边拍摄到红毛猩猩用自制的“长矛”，正在捕鱼的镜头，姿态很美，如果没有这张照片(图 7-8)，怎敢相信，它与当地土著人用木棒或鱼叉捕鱼方式没有两样。

图 7-7 红毛猩猩爬绳倒挂摘黑莓吃

图 7-8 红毛猩猩用“长矛”捕鱼

论及手势语就会想及身边的一些哑巴。人类的手势语非常丰富，使聋哑人能够完全通过手势语来交流感情，表达多种意义。近代猩猩研究专家很想了解猩猩群体生活的发声与手势的意思，但没有获得突破性的进展。据珍妮观察，黑猩猩费费一家在一起玩耍嬉戏时，总会发出欢快、和谐的叫声，它们的喜怒哀乐如同人类溢于脸部外表。猩猩集群，生活在一起经常会挥动手脚作出各种的姿态，但我们不能准确判断其中的意思，如仰手微笑，触摸对方应该是高兴，双手击胸是发怒或是挑衅，高声呼叫是叫同伴，视其口形与表情，会有多种原因，告诉对方在哪里，我在这里为其一。左右手划动最为常见，还有抱头遮脸有否痛苦或自责意思。

黑猩猩与人类祖先古猿是同亲同祖，人类的语言演化也始于手语，必然与猩猩有连接处。事实证明猩猩与人类一样有很强的学习能力，但学会手势语比较单一、数量小，形式随意，缺乏系统性、连贯性。至于，黑猩猩儿时人性化智力开发则是另一回事，则有专门叙述。珍妮的《非洲灵猿》纪录片，还原了它们真实生活。它们应有的觅食生活方式，与好斗、恼怒、抚慰、讨好、高兴、炫耀以及母性关爱的特性，通过各种场面都生动地表现出来了。但是，我们对猩猩的了解还很不够，其中有关它们的性行为将在第八章的“生殖本能的进化作用”中有所论及。

三、猩猩的实验：智力检测

1. 猩猩的智力检测

关于人与猩猩智力差距有多大，这怎么好比呢，但科普报道总常出现，也就是对其智力测检与人类的小孩智力相比较。最常见的例子，将黑猩猩关在一间屋子里，在高处挂有一串香蕉，旁边有几个箱子或一根竹叉。刚开始黑猩猩干着急张望，最后尝试着把箱子叠起来并站上去摘取香蕉吃。试验者用竹竿去取，黑猩猩也很快学会用另一种方法去取。这就是“填”或“捅”的简易方法教会猩猩或猴子。

例二，有试验者设计了一台自动取草莓机，草莓为猩猩所喜食，把它放在机器的上方平板上，只要先触摸按钮，草莓掉到下方箱子里，再扭动小门的把手就可开门取得。试验者先教会一只黑猩猩操作，另有几只在一旁看着。当这只猩猩取到草莓之后吃了起来，立刻吸引一只跑过来操作草莓机也成功地取得，可其他几只却不会取，这有两种可能，一种是当时没有注意看，另一种是智力有差异，不能一学就会，如同人类一样。

例三，教黑猩猩学习手势语，美国有一个黑猩猩研究所，对两只分别叫米哈尔和科科黑猩猩进行语言训练，结果这两只黑猩猩掌握了500多种美式手语，能听懂一些英语与食物相应的单词。由此认为幼年的黑猩猩语言智力还是可以开发的，它们智力相当于人类3～4岁的儿童。

2. 让猩猩“说人话”

美国佑治亚州立大学语言研究中心实验室主任达奥是一位动物智慧学家，想让猩猩“说人话”。他认为把一生下来的黑猩猩幼仔，同人类一起生

活，让它的生活环境“彻底人化”，可以开发智力。达奥的试验步骤是让猩猩先理解抽象的词汇，再组成句，最后表达出来。一只帕蓓莎幼猩作为实验对象，经过多年与人相处小帕蓓莎的抽象思维能力增长。待到8岁时，达奥认为它已经具备通过符号文字与人交流的能力了。为此，达奥设计了一种电脑，有400个键盘，每个键上都画上一种符识，分别代表不同的概念，包括行为概念如睡觉、爬树；物体概念如香蕉、可乐；心理概念如害怕、高兴等。通过两年培训，帕蓓莎很快掌握了这台电脑的使用，并能顺利地表达出自己的一些想法。猩猩不能“说人话”。因为猩猩缺乏与人类沟通的发声语言。现在通过电脑键盘符号及合成器操作可以实现“说人话”了。

帕蓓莎小姐10岁时，识别“单词量”已超过3000个，能够造句并组成段落了。她学会撒谎和撒娇的习惯，这如同幼儿园3～4岁的小女孩的智力。1999年9月2日美国动物智力研究中心代表团来到这个实验室观看帕蓓莎智力表演。一开始，主办单位实验室主任奥达作了一番调侃的欢迎词，引起大家哄堂大笑。这时帕蓓莎小姐向来客友好招手，并向老师表示要说话。奥达点头，电脑屏幕上立即显示她的话：“参观者们需要一份令他们惊喜的礼物吗?”奥达也用电脑与她对话：“是的，礼物在冰箱里需要我取吗?”帕蓓莎立即改换电脑合成器传出有声语言：“好的，劳驾您了。”这时奥达从门外拿着一桶红色水果来到她的跟前指着问道：“这是什么”? “当然是草莓。我最喜欢吃的水果。”帕蓓莎回答。接着还有一连串有趣的问答，怎不叫参观者惊讶! 这可视为黑猩猩智力开发与揭秘的一幕。

美国著名动物智慧学家摩西斯深情地赞叹：如果说在古老的仿生学曾经为人类科学发展作出过很大贡献，现代动物智慧学可以作出更大的贡献，因为，它将使人类更深刻地认识它们，更好处理人与自然的关系。有专家认为这是当代动物智慧学的最重大突破，也是动物智慧研究史上重大研究成果之一。由此引发许多争论观点，令人耳目一新。黑猩猩的智力能不能开发，如何开发，能否据此来寻找我们祖先演化的旧迹。

笔者认为我们人类首先应保护好现有非洲和亚洲热带丛林中灵长类动物的生存环境。在科学研究上，着重对几类猩猩种群家族生活方式进行深入研究，可否提供人造山洞、草屋的居住条件，内放一些石器，棍棒、桶、砍刀之类，教会人类原始工具的制作与使用，以分享人类的演化成果。其次从大脑基因上寻找人类与猩猩之间细微碱基差异和功能性的关系，才能真正揭开人猿进化之谜。

四、人、猿基因与大脑差异

1. 人与猩猩的基因差异

自1953年沃森和克里克发表DNA分子双螺旋结构以来，极大推动了分子生物学的遗传学研究。人有23对染色体，其中有一对性染色体，决定着性别遗传。基因是DNA碱基片段编码位于细胞染色体上，是遗传信息携带者、传递者。人体的DNA，估计有30亿bp(碱基对)。2003年，科学家根据人类基因组的核苷酸测序，绘制出首张人类基因组图谱。这是分子生物学研究的一项重大成果。

猩猩与人类近亲，例如黑猩猩有24对染色体，其DNA也含有30亿bp。美国科学家在2003年也绘制出了一张黑猩猩的基因草图，它与人类的基因图谱比较。其中，第22号黑猩猩染色体上约有3300万bp，占总量的1%，对应人类的21号染色体显示，两者的DNA序列对应碱基之间的差异为1.44%。这意味着人类在古猿进化上只置换了约1.5%左右的单碱基，仍有98.5%是相同的。由于真核细胞中的DNA碱基序列中，很多是没有功能的，即没有基因编码特性，叫内含子，不能表达为蛋白质的，一般有基因功能只占10%。所以，目前更无法确认哪些是有用基因，哪些是垃圾基因，同时还有对比标准的误差。所以，人与猩猩差异性研究仅是刚刚开始。

2. 人与猩猩的大脑差异

猿类中的黑猩猩与人类亲缘密切，其基因的差异数只有1.5%～2%。

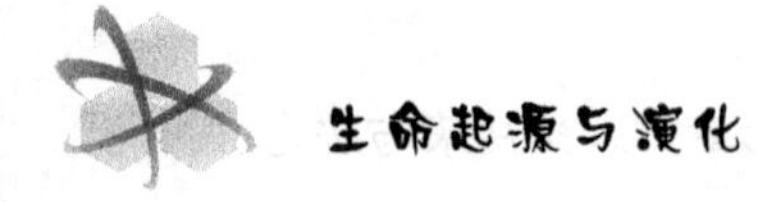

但是猩猩的脑量不大，为400～500mL，仍停留在500～600万年前人猿分离时水平，而人类在这期间由于直立行走与制造使用石器，敢于向大自然搏击并用火取食，致使脑量大增，达1400～1500mL。

人类与猿类的大脑结构基本相似，由额叶、中央沟，顶叶和颞叶组成，大脑皮质发达，且褶成回沟，但猩猩的沟回远不及人脑多。大脑皮质定位的功能区虽然有相似性，但有很大的差异。如位于中央沟两侧的运动区和感觉区，由于人类大脑越大，沟回越多，固定的感觉区和运动区就相对越小。猴子和猩猩的感觉区和运动区仍很大。灵长类的嗅区都有退化，人类也一样远不及鱼类、猫犬科动物，但猿猴的听区仍保持较人体大而强。

然而，人类大脑的联络区大为发展，而且定位比感觉区、运动区复杂得多。联络区主管着语言与记忆。许多更复杂的学习、思维、推理、心理活动等高智慧活动都是依赖联络区的。动物与猿类也有联络区，但不发展，只有本能的记忆和有限的学习记忆。由此可见，猿类与人类虽在生理结构与机能进化上是相似的，其染色体上基因差异仅有2%，但人猿分离和大脑进化截然不同，这主要表现在联络区上。人类的语言也促进了大脑的发展，而文字的出现，增加了人类的文明，知识通过文字传播又成为人类共有知识与力量。

第八章　论生物进化动力

生物进化乃是事实。关于生物进化的动力与方向过去很少讨论，它极易被目的论或造物主所牵连。拉马克的生物进化内在向上发展动力观是被视为含有神力的观念，达尔文的自然选择学说虽被视为生物进化的一种强大动力，但缺乏方向性，只有随机性。近些年来，有国内学者提出了生物主动进化观念，值得重视。从低等生物的细胞感知到高等动物的大脑思维意识都存在生物进化的自主性和向上性的选择性表现。生物的本能就是生物动力进化的一种产物。我们认为现代遗传学揭示物种遗传基因（DNA）所表达的形态建成和生殖本能的进化作用就是生物进化的原动力，生物进化的向上性由简单到复杂使生理代谢与结构机能趋于完善，把所有的遗传信息贮存于生殖细胞之中进行传递。

第一节　各种进化动力观

生物进化动力观是基于拉马克的向上发展观和达尔文自然选择学说，以及现代生物进化动力观进行有关分析的表述。这样的综合动力观是很有意义的，为过去所没有的。

一、拉马克的内在向上发展动力观

拉马克在他的《动物学的哲学》(1809)著作中充分阐明生物进化观点，而且还提出了“生物进化的内动力”。他认为“生物向上发展而表现等级现象的原因在于生物生来就有一种内在的冲动与要求，以达到机体环境适应的完善”。如果要问这内在倾向是怎样来的，拉马克则认为是大自然造物主赋予的。这是多么巧妙的回答，至今仍适用。

然而，20世纪初，美国动物学家帕卡德(A. Spackard)作为拉马克学说的代表，抛弃了生物进化的“内在因素”的假说，坚持生物在环境下能够“获得性遗传”法则，被称为新拉马克学说，强调生物纵向、定向的进化效应，用来反对自然选择学说的无定向的、随机的观点。帕卡德为什么要抛弃拉马克进化的内在因素呢？可能是怕与无形造物主观念相牵连。在这一点上，主动进化成为探讨的禁区。

与拉马克同时代的法国古生物学家居维叶，他是一位著名的“灾变论者”，又是神创者，强烈地反对拉马克的进化学说。他通过动物解剖认为“相同类型的动物是从一个共同的结构模式变化来的，与不同类型的模式毫无相关”。居维叶复制了许多哺乳动物化石，对这种明显的地质生物进化现象，却解释为地球经历多次灾变和多次再造的产物。在今天看来，这种神迹成为自然的当时根本原动力，即为流行的自然神学观，所以，生物进化动力一直纠缠着无形的造物主的作用。

二、达尔文的自然选择动力观

达尔文在他的《物种起源》(1859)中写道：“我把这种对有利的个体差异和变异的保存，以及对有害变异的毁灭叫做自然选择或叫适者生存。”达尔文对自然选择学说的产生基于大量观察基础之上的，他认为：“尺蠖是生物进化的拟态代表，它能模拟树枝的形态而使敌害不易发现，这种拟态行为是因自然选择保存某种有利变异而成的。”本书作者认为生物的本能就是生物主动进化的一种表现。

过去，人们在研究达尔文进化论时，只注意进化现象之论证与解释，不追问进化之动力。其实，自然选择学说所表达的生物进化具有广泛的变异性、适应性，通过生存竞争和自然选择拥有最大的进化动力。达尔文在论述“自然选择”这一术语时问道：“有人说我把自然选择说成一种动力或‘神力’，然而，有谁曾反对过一位学者说的万有引力控制着行星的运行呢？我们需要这个名词，它要避免‘自然’一词拟人化是困难的，但我们所谓的‘自然’，只是指许多自然法则的综合作用。”现在看来，自然选择就是生物进化最高的造物主，拥有至高无上的推动力，这在当年神学统治时代，是多么伟大睿智的思想表达啊！

三、现代生物进化动力观

20 世纪之初，古生物学家 Edward Cope 出版了一本《生物进化动力》，阐明了生物进化是由于生物内在的生长力和原始意识作用。这一学派认为生物进化本身并不是完全被动的，有自主性，也就是各类生物有自己的特性，在长期生存环境影响下，才出现连续的系统进化。他们尽至相信生物进化是有方向性的，有一种内在驱动力，朝着一定方向发展，以致达到最高级、最完善的生命为止。这种观点明显地受到拉马克学说的影响。

近些年，我国育种学家郝瑞、陈慧都著有《生物的思维》一书(1999)，阐述了生物进化的实质就在于一切“生物都会逻辑思维”，从而一切生物都有自我设计、自我创建能力。生物的一切进化都是生物自主决定的。也就是说，它们从受精卵开始，经胚胎发育到个体建成，无不充满自我创建。例如，鸡蛋、蛇蛋等蛋壳的结构与造型为发育中胚胎给予极好的保护。但这种全封闭的保护到孵化结束，将成为幼仔出壳的危险障碍。可是，各类生物为自己的后代繁殖都做好了预先设计。蛋壳里的小鸡在出壳以前正好长成一个

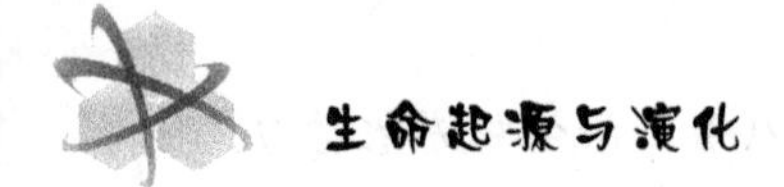

破壳齿，将蛋壳啄破，出世后，破壳齿类失去作用，随即自动消失。蛇壳质薄，初生的蛇却用破壳齿将皮革质卵壳划开一道缝，自动钻出壳。过去，我们把这种蛋壳孵化行为视为本能或特征，现在，郝瑞等提出“生物思维”观在进化中的作用。这种非正统观念的探讨不是毫无意义的，但我们需要沟通，寻找可接受的共同语言。

一般认为，逻辑思维是一个哲学名词，是指人通过逻辑推理以证明计划性、预见性的正确性与否？这是人类的文明文化产物，也是人类特有的思维能力。譬如狐狸捉兔、狼捕小羊、猫抓老鼠，都不能视为逻辑思维之效应，那是生物本能。本能是祖代遗传下来的表现得十分巧妙与奇趣，以致很聪明，我们对它进行研究完全是有必要的。本能无疑是世代遗传信息遗传的涌动和不可抗拒的表达。至于高级动物（如哺乳动物和鸟类）的大脑思维，通过现代科学研究是得到肯定的，动物与人类大脑在发生学上有其同源和结构相似性，它们的大脑思维在生存环境的自我选择和适应上起了重要作用，也对探讨主动进化有一定帮助。

刘平的《生物主动进化论》(2009)以鲜明主题表达了生物进化是主动的而不是被动的。然而，他在前言中提及生物主动进化不是指生物具有天生向高级进化的倾向，而是强调当环境不适应生存时，生物就会主动寻求进化以适应环境。这句话很有分量，它既对拉马克的“天生向上进化”观的否定，又对环境不适的被迫适应改为主动适应，似乎找到主动进化的理论依据，实际处于两难矛盾境地。我们认为当生物生存环境发生变化引起生存压力，物种就会产生变异，变异体是否适应，还是通过自然选择来决定。所以，这里的主动适应或是被迫适应之争是不重要的，何况适应可能还有个由被动到主动的过程。

刘平认为进化是由生物智力操纵的。所谓智力就是遗传信息DNA，这样的思考并不错，但提法要考虑场所。如果我们把遗传学信息和基因功能，都改换成细胞智力来表达，其概念是不确切的。胚胎发育是双亲精卵基因结合的表达，胚胎发生学所揭示的胚胎系统发育和组织器官分化准确无误受到基因程序的操纵。这时不存在生物自身具有修改基因的能力，细胞分裂的基因复制如果出现某些差错，就会发生胚胎发育的畸形。但是，作者提出的以细胞智力为基础的主动进化观是很有见解的，值得探讨。的确，生物进化主动性令人感到兴趣而迷惑，如生物细胞普遍存在的感应性引导进化，特别进入高级动物之后，大脑神经对环境适应感觉与寻找有了主动意识，也增大了基因记忆能力和导向，将成为主动进化的重要内在动力。

第二节　生物感应性在进化中的作用

生物感应性是生物最原始的，也是最高级的一种基础反应，它在生物进化过程中起着至关重要的作用。从单细胞到多细胞的专化感觉细胞和感觉器官对外界的光、热、电和打击等刺激而发生反应，随着高等动植物进化，如感光色素、植物光合器官、动物的视觉组织（眼睛）和神经细胞对环境的感应及主动寻找起到了重大的调节作用和进化的推动力。

一、单细胞生物与感应性

1. 原核单细胞

现有的原核单细胞生物就是广泛存在的微生物，以细菌为代表。细菌微小，结构简单，仅有一个细胞膜包裹着一团原生质体，内含原核，即还没有核膜，更无线粒体等细胞器。原初单细胞靠吞食周围有机物质为营养，进行呼吸分解排泄，完成细胞分裂的繁殖，以保持生命的延续。

原初单细胞生物没有感受器，整个细胞就是感受体能接受外来的各种刺激，主要是化感和光感刺激成为原初的进化动力。细菌从吞噬开始，在营养上很快演化出化能合成和光能自养合成，表现出惊人的适应能力。特别是厌氧性光合细菌——蓝藻(即蓝细菌)的出现,真不可思议。蓝藻发生于34亿年前的元古宙,上演了长达10亿年的"蓝藻时代"的一幕,如今有大量的叠层石化石为证。蓝细菌结构与细菌相似,但在细胞中含有感光系统的光合色素,除叶绿素a、β-胡萝卜素外,还有藻胆素进行绿色植物应有的光合作用,制造有机物,释放氧气。蓝藻的光合作用在漫长的原始地球上释放出大量氧气,完全改变了地球的大气成分和地球的生命演化面貌。由于氧气的出现,单细胞生物也从厌氧向好氧发展,并为多细胞发生和各种动植物演化创造了条件。

生物的生命演化开始是极其缓慢的,因为,它是单细胞,又没有足够的氧气,但是,大自然之神功,却给蓝藻光合作用功能的演化神奇而迅速。这里的原初生命的光合系统的演化模式与动力何以在一开始就有了自然选择吗?所以,克里克有过奇想,认为光合细菌胚种可能在10多亿年前有外星人拜访地球时送过来的,我们暂不管胚种来自何方,既然大自然造物主能赐予生命之泉的核酸自动聚合与复制,难道就不能赐予宇宙神光能接受体的光合色素吗?关于光合色素的演化从光物理与光化学角度去观察还是比较容易解答的,生物有了遗传复制和光合作用这两者,无疑奠定了生命演化之基础,由此生命继续演化,并不为怪,但始终解不开这种原初进化是偶然的,还是必然的?

2. 真核单细胞的感光演化

原核单细胞生物如何向真核单细胞发生,使其细胞结构与功能完善以更能适应环境和向多细胞发展,确是非常重要的一步。原核生物大多数是厌氧的,真核生物都是好氧的,因此,它们必然在还原性大气变为含氧大气之后才出现。真核细胞发生有一种内共生学说有相当依据,留予后边讨论。

真核单细胞主要有植物界的单细胞藻类,包括金藻、硅藻、甲藻、裸藻、红藻、绿藻,而褐藻大多数为多细胞藻类。另外,动物界的原生动物,包括肉足虫、变形虫、有孔虫、放射虫、鞭毛虫、眼虫、疟疾虫等。藻类广布海洋、湖泊，大多含有光合色素，漂浮于水面，进行光合作用，如甲藻是海洋的主要浮游生物，介于动物和植物之间的特性，它们通过感光器官和鞭毛进行生命活动。眼虫含有光合质体能进行光合作用，眼点红色具有接受光线的感光器，身体前端有贮蓄泡，以吸食与排泄之用，鞭毛从中伸出体外，起着摆动转旋作用，有利于光合。眼虫有多种，有无色眼虫，由此推测最原始的无色眼虫，可以通过体表吸收溶解水中的有机物，如果沿着这个方向发展，就会进化为原生动物，而沿着光合作用生活，就进化为植物。眼虫的这种"动物植物双重性"使许多科学家相信，动物与植物有共同的祖先，即它可能就是与眼虫类似的某种原始的单细胞原生生物。现在只有褐藻门和绿藻门的藻类植物性很强，可演化成多细胞的海藻或苔藓类植物。

原生动物群体不同于多细胞动物，群体中各细胞在形态和功能上一般都分化的，它们既有营养功能，又有生殖功能。原生动物的肉足类颇多，它们为海洋底栖生活，伸出伪足而得名，有可能是扁形动物，软体动物的祖先。或许原生生物的进化前景不大，很多后来成为寄生的，如痢疾变形虫、锥虫、疟原虫、鞭毛虫等。其中，领鞭毛虫和海绵中的领细胞很相似，在鞭毛的周边也有一圈绒，密排成透明的领头，已成为海绵进化史上的一种证据。

二、植物的感应性和感光系统

1. 植物感应性

植物没有神经和专化感觉器官，但有它的感应运动。植物的向光性是最常见的一种感应运动，如阳台上放一盆植物就会出现向光弯曲，有利于光合作用。有些植物开的花或叶片受昼夜光照的影响，如酢浆草的花、叶昼开夜闭，而月见草花则夜开昼合，紫茉莉又名夜来香，花傍晚开放至次日早上关闭，这是由叶柄或花梗细胞的膨压变化所致。植物叶片的开合还有一种生理钟的作用，如菜豆叶片，平举与下垂在 24 小时内出现 4～5 次的周期性运动，这可能受到细胞内 K^+ 与 Ca^{2+} 离子在细胞间移动起调节作用。植物的根茎组织都有重力作用和极性现象。例如，柳条的茎切断下端插入土中较之上端插入容易生根，这就极性现象。根系的向地性保证植物牢固扎入土壤，而根系对肥水的感应性有利于根系主动去寻找土壤中的养分和水分。

2.光敏素与光形态建成

植物对光的反应不只表现在光合作用，而且反应在光形态建成上，如种子感光萌发，黄花苗转绿和叶片开展只需短暂的低光量照射能够诱导发生，这就是光形态建成之表现。它与体内光敏素(Phytochrome)的感光作用有关。光敏素(P)光化学反应通式是：$\mathrm{Pr} \underset{\text{远红光}}{\overset{\text{红光}}{\rightleftharpoons}} \mathrm{Pfr}$，通常两者在组织细胞内有一定比例存在，Pr视为光敏色的稳定态，缺乏生理活性；Pfr视为激发态，具有生理活性，会引起生物效应，如种子萌发、茎叶黄花转绿等。

笔者对种子的感光萌发有过研究，采用红光(8.5J)和远红光(6.2J)10秒钟交替照射暗吸胀种子(如木麻黄、一年蓬、黄花蒿等)表现出红光促进和远红光抑制的可逆反应，也论证了内在光敏素的作用。需光种子大多为细小种子。种子在农田土壤或林荫下萌发，通过光敏素的感光检查作出反应，以保证种子出土能够生长，否则保持暗休眠。种子的感光萌发现象在高等植物种子传播繁殖进化上是有重要的生态学意义的。

3.植物光合作用

我们认为植物在地球上对太阳光能的进化适应与利用是极其成功的。绿色叶片是光合作用器官，在显微镜下可以看到叶面的许多气孔，作为水分蒸腾和CO_2吸收之用，叶肉内分布着许多圆盘状叶绿体。近代的电子显微镜和光化学研究进一步表明叶绿体结构非常精细，圆盘状的叶绿体则由许多类囊体组成，类囊体膜上分布着超分子蛋白质复合体包括光系统Ⅱ(PSⅡ)和光系统Ⅰ(PSⅠ)反应中心，有极高的光能吸收与光电子转化功能。从光合作用反应机理来看，可分为光反应和暗反应两部分，光反应有PSⅡ和PSⅠ相偶联，将吸收光能(光电子)进行转递产生能量(ATP和NADPH)，即所谓同化能力，用于暗反应 CO_2 固定和还原，形成糖和碳水化合物。光合作用一般通式：

$$6CO_2+6H_2O \longrightarrow C_6H_{12}O_6+6O_2$$

从光合进化角度看，在藻类出现之前，地球上缺氧，最初的光合细菌是厌氧性的，如藻红螺菌、绿硫细菌和紫硫细菌的电子供体不是水而是 H_2S，副产品是 S，即为 $2H_2S+CO_2 \rightarrow (CH_2O)+2S+H_2O$ 的反应式。光合细菌没有叶绿体，只有载色体，亦称细菌叶绿素，相当于植物光系统Ⅰ（PSⅠ），能吸收光能进行电子传递，产生能量 ATP，但不放 O_2。然而，蓝藻出现，有了叶绿素 a，无叶绿素 b，却具备了 PSⅡ 和 PSⅠ 光系统，能够利用水作电子供体而分解放氧，这是了不起的早期光合进化。现存蓝藻中的鱼腥藻（*Anabaena*）不仅能光合作用，而且它的异形细胞还能进行固氮。这样的早期酶系统进化，是怎样诱导的，令人惊奇，至今生物固氮仍只限于几种原核生物固氮，而高等植物本身不能固氮。

现在归纳起来，光合色素可分三大类：①叶绿素类（含 a、b、c、d）和细菌叶绿素（a、b）；②类胡萝卜素（含胡萝卜素和叶黄素）；③藻胆素（含藻蓝素、藻红素和别藻蓝素等）。在高等植物中只有叶绿素 a、b 及胡萝卜素与叶黄素 4 种。有人主张高等植物叶绿体来自远古的类似于原绿藻，光合作用的进化，只是发生在叶绿体的复杂结构上而不是原始的叶绿素化学结构上。

三、动物的视觉进化

1. 感受器和感光器

几乎所有生物都有感觉的和感光的器官与功能。动物界从原始的鞭毛虫开始就靠鞭毛接受刺激运动而眼虫已有特定的感受器眼点。涡虫的光感受器已有“眼”的初步结构，即由许多细胞色素构成的“环眼”。昆虫有单眼，由许多小网膜细胞组成，它们的周围有色素细胞，上面覆盖透明的晶体和角膜。单眼能感光，但不能成像，这种单眼大概与昆虫飞翔时的定向定位有关。色素在藻类发生时就有感光效应，同样在动物视觉感光进化中也发挥了作用。

真正的眼不但能感光，也能成像，即能感受外界的物体，生物在眼的视觉进化上出现了共性而有不同的结构。据知，脊椎动物和软体动物的眼与照相有很多相似之处，可称为照相机式眼。可是，头足类在进化上和脊椎动物早已分开，这是一种趋同进化的结果。人眼要比头足类眼灵敏得多，如果将头足类的眼比作黑白底片的简易照相机，只能在较强的光照下显示黑白图像，人眼就相当于装有高灵敏度的彩色底片的照相机，在光线较弱的条件下也能够成彩色图像。图 8-1 所示为一些动物的眼和人眼球。如涡虫的感受器已有“眼”的初步结构(图 8-1(a))，由许多色素细胞构成眼环，神经纤维末端膨大，有感光功能。涡虫的眼还没有晶体，不能成像，为单纯感光器。昆虫有单眼(图 8-1(b))，有许多小网膜组成，上面盖透明晶状体和角膜，单眼能感光，但不能成像而能定位飞翔。而复眼昆虫能成像。当然，所有脊椎动物型的眼(图 8-1(c))均能成像，功能有如照相机。

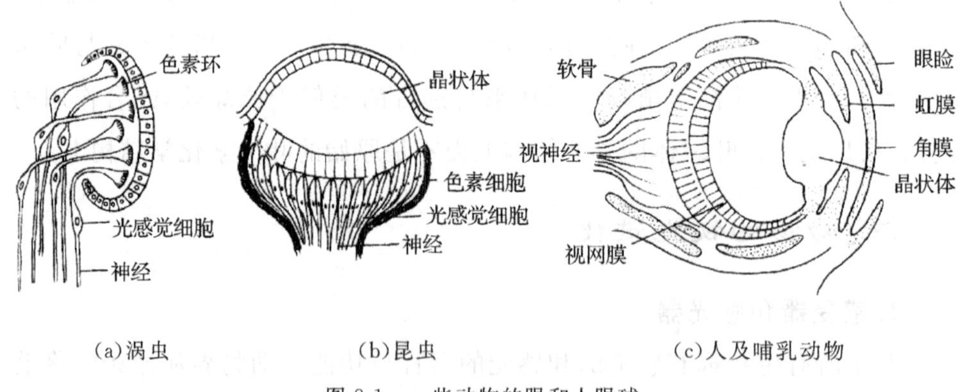

图 8-1　一些动物的眼和人眼球

自脊椎动物的爬行动物、鸟类到哺乳类动物，眼的结构与组成具有相似性，都有眼球、角膜、视网膜和视神经，但它们的生活习性不同而眼睛的观察方式也会发生某些变化，如老鹰有高空远视能力，猫头鹰与老鼠的视网膜只适应于夜间活动，而大多数动物与人类只适于白天观察以颜色识别。

2. 感光色素的原始性与视觉组织的进化

动物、植物或是细菌都能感受光的刺激，它们都是通过感光色素来完成的。视紫质(PR)是一种原始化合物，20世纪六七十年代，人们新发现海洋嗜盐细菌(一种古生菌)的细胞膜上，有类似脊椎动物视网膜上的光敏蛋白(即视蛋白)，叫视紫质，随后又在海洋变形菌中发现了变形菌视紫质(PR)。现已证明变形菌的PR可直接利用光能来驱动电子流出细胞质膜外，形成膜内外的质子梯度势合成ATP，从而完成光能向化学能转变。这种视紫质变形菌在海洋表面分布甚广，在海洋光能利用的碳循环中起着重要作用。

由此可见，生物的感光性是一种原始的也是最基本的反应。早在生命起源时的古老细菌就选择了视紫质化合物，直到生物进化到脊椎动物和人体的眼睛都是同一类色素，只是组织器官发生了高度的完善。人眼球的最外边的透光体称角膜，为第一聚光装置，具有遮光功能；水晶眼球周围环状红膜收张可调节瞳孔大小。瞳孔后面的晶状体与视网膜(含视紫质)连接视神经构成一部最精致而灵活的“照相机”(图8-1(c))，视网膜是神经的一部分，是眼的唯一感光装置，它相当于照相机于感光底片。这种视网膜同源进化的驱动力是什么？令人费解。

第三节　动物的大脑神经与智力进化

什么叫智力？对动植物而言，就有些不好回答。有人认为生物细胞都有智力，若从基因记忆角度去看，或许可以承认。对于有大脑神经的鸟类和哺乳类动物所表现的行为，也可视为有智力表现。可是，动物神经系统从简单到复杂，智力也随之提高，但这种提高是否成为生物低级向高级进化的原动力或推动力是很难论证的。

一、初级神经系统

1. 网状神经系统

动物界最早出现的神经系统是腔肠动物的网状神经系统。例如，水螅的神经细胞体位于外胚层和内胚层的基部，伸出神经纤维互相连接，为原始的突触，形成一个遍布全身的神经网。网状神经没有中枢和周围之分，但水螅体前端，即口锥部分神经细胞略多（图 8-2(a)）。水母神经系统在结构上已有集中，在伞的边缘出现了神经环，但其身体仍呈网状分布。

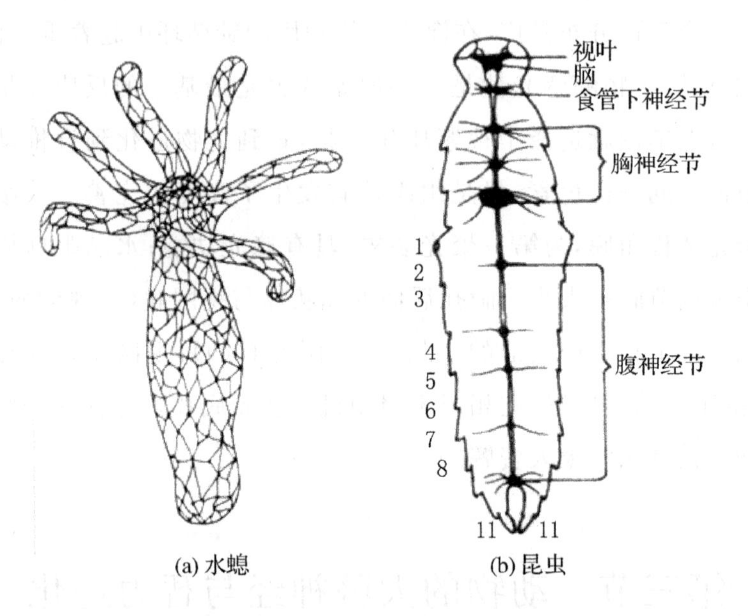

(a) 水螅　　(b) 昆虫

图 8-2　水螅和昆虫的神经系统

此外，水螅的外胚层中有感觉细胞，接受外来的刺激后可直接传递到效应细胞，也可通过神经网传导到较远的效应细胞而引起全身收缩。海葵的突触对神经冲动的传导有一定调节作用，这是腔肠动物网状神经系统的一种进化表现。

2. 链状神经系统

神经系统的进化方向从分散到集中。无脊椎动物体型，随着从辐射型向两侧对称进化，神经系统也成为两侧对称的神经系统。如环节动物和节肢动物具有集中的链状神经系统，已分化出中枢和外围两部分。脑和腹神经属中枢系统而外伸各部分属外围系统。

节肢动物的昆虫神经系统比环节动物（如蚯蚓）和软体动物（如乌贼）更集中，已分化3对神经节的脑体成分（图8-2(b)）。在机能上，昆虫及节肢动物的脑与环节动物、软体动物的脑有相似之外，许多抑制中心都位于脑中，而食管下神经节则是引起兴奋所在。但昆虫的前脑实际上是脊椎动物大脑的联络区相当，是复杂行为，如学习、记忆等中枢。昆虫是低等动物，但显得有智力。昆虫的许多行为是先天的本能，如飞行、采花、织网、织巢做茧，如果没有发达的神经系统，是不能办到的。有实验表明蜜蜂采花觅食也是后天学习的，如将蜜蜂放在蓝色纸上饲喂多次以后，再把蜜蜂放出去，蜜蜂"学会"了以蓝色物体为目标寻找食物，未经训练的蜜蜂无此食惯。这是一种条件反射，是后天学会的。有人对蜜蜂采花进行过观察，认为蜜蜂对花的认识也是通过实践获得的，一旦学会了，能够辨别颜色、气味类型，把所有信息贮存于脑子里，可以寻找所需要的花蜜。至于蜜蜂以集群制造蜂窝呈六角形状，更是奇特，这种本能之谜至今难以解开。

二、脊椎动物的神经系统

脊椎动物的神经系统高度集中，在形态上和无脊椎动物截然不同，因为它有脊椎骨而构成一个位于躯体背面的脑和脊髓及其相应的中枢神经系统、周围神经及自主神经，相当复杂。这里仅对中枢神经与大脑进化进行剖析。

1. 中枢神经系统

脊椎动物的中枢神经包括脑脊膜、脊髓和大脑三部分组成。所有脊椎动物的脑都是同源器官，包括大脑、丘脑、下丘、中脑、小脑和延髓等部分。脑的进化趋势是大脑日益发达，小脑也越来越重要，而中脑相对变小，重要性逐渐降低。

原始形式的大脑较小，如鱼类，只是左右一对表面平滑的隆起，即大脑半球和从大脑半球伸向面的嗅球。这原始形式的大脑大概只有嗅觉的功能。两栖类是从古代鱼类发展而来的，大脑的灰质增多，其中突触也增多。大脑不只是一个连接点或中转站，已经有了协调功能。到了鸟类和哺乳类，脑已经成了神经系统的中心，控制着神经系统的其他部分。人类大脑，无论从结构上还是功能上看都达到了登峰造极。

2. 大脑的进化与功能

脊椎动物大脑进化的阶段性是很明显的，主要表现在大脑皮层结构成分与分区功能的变化。鱼类的脑灰质已经发生，到了两栖类的脑灰质逐渐向外移动，盖在大脑表面形成原始大脑皮质，即原皮质，它的功能仍以嗅觉为主。到了爬行动物，大脑半球前部表面开始出现新皮质继续发展，体积增大，表面出现折叠，即沟和回。

哺乳动物大脑皮质有不同分区，如图 8-3 所示。一般说来，大脑越大，沟回越多，固定的感觉区和运动区就相对小。如老鼠和猫的感觉区和运动区很大，还有视区、听区和嗅区都很大，几乎占据皮质的全部表面，这与这些动物的机敏反应活动有关。又如猪的大脑皮质控制嘴部的运动区很大，而马大脑皮质控制鼻孔周围皮肤部分的运动区特大。这些都与各类动物特定的活动习性有关。

人大脑皮质的感觉区和运动区变小，大部是联络区（图 8-3(a)）。联络区很重要，诸如语言、记忆、学习、想像、心理活动等智慧活动都依赖于这个区。人的感觉区和运动区相对的小，这可能与人类在近几万年来成为现代人的生活支配之后而逐步缩小的。联络区主要在人类聚居进入语言频繁交流之后大为发展起来，这正是“人为万物之灵”的基础。然而，猴子的大脑皮

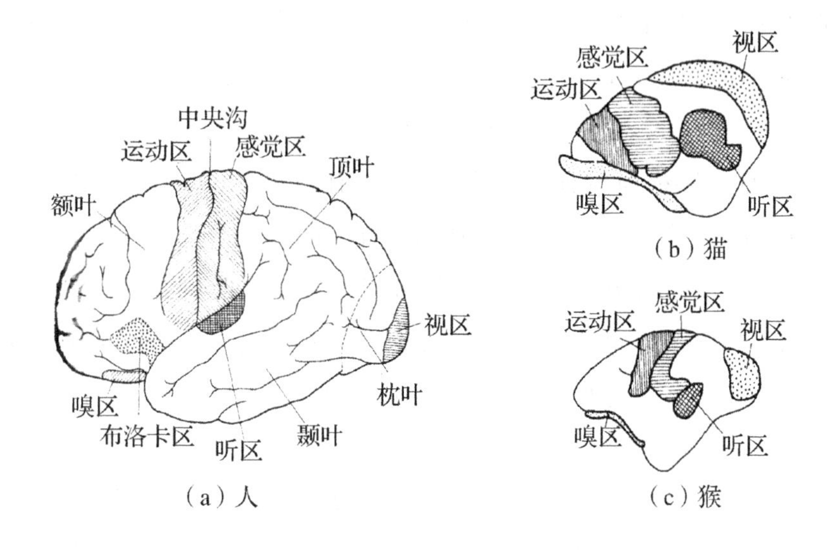

图 8-3　大脑皮层定位

质分区与人类差别很大，却与猫鼠相近(图 8-3(b))，即保持重要的活动区。

三、生物的智力进化与表现

1. 鸟类的天赋

鸟类的智力表现是多方面的，如有天赋的觅食，学习语言、歌唱和长徒迁徙行为等。

乌鸦用尖锐的嘴向树洞啄食取虫不足为怪，但用一根小枝入洞帮助钩虫，才显见智慧。英国科学家曾把一根细长绳系在树枝上，另一端悬吊着一块肉，一只乌鸦为了吃到这块肉飞到系着绳子的树枝上，用嘴咬着绳子往上拉；拉上一段便用脚踩住绳子，再往上拉直到拉上吃到肉为止。另有试验者对室内饲养乌鸦，放置一只高筒状环璃杯，内放一只有虫子的小篮子，乌鸦嘴够不到虫子，但玻璃杯旁边放着一根铁丝钩，乌鸦知道把篮子钩出来用食。这不叫智力是什么？

我国林业工作者观察过东北红松林内的星鸦觅食红松种子与分散掩埋

种子再取种子的惊人举动。星鸦在林内食饱种子后，还会将种子吞入舌下囊，飞到不远的地方，用嘴插出小洞，呕出种子1至数粒放入其中，覆盖之，反复几次直至舌下囊中空为止。这样星鸦成为红松种子捕食者又是传播者，有趣的是星鸦埋藏种子能再取食之，有高达80%的取食率。我不知道它们哪来这么强的记忆力，是以什么为标记的。

鸟类有自己的语言，善于歌唱，每当春天就会听到黄莺、画眉、山雀、杜鹃、燕子互相对语与歌唱。有鸟类专家认为鸟类的喉头善于歌唱，却有一种潜在的学习行为。例如，白冠雀出生10～30天内的雏鸟是听和学习语言的敏感期，只听到母鸟的歌唱，自己不会唱。但是，当它长大后的第一春天到来时，体内的性激素水平升高，它就会开始歌唱，其初始声调完全模仿母鸟启发。关于八哥、鹩哥和鹦鹉学语，这是为大家所熟悉的事。许多鹦鹉、八哥对着人叫出“您好”，不足为奇，有的鹦鹉学语叫唤“林妹妹”、歌唱“世上只有妈妈好”。听得非常逼真亲切，有的八哥你说不好，它反说“坏蛋”，这可能有人以前与它开过玩笑，八哥不好，八哥是坏蛋，才记得两者关系，也才叫奇！以上鸟类学语只是民间一般的认识。据载，1981年，美国举行过一次“鹦鹉学舌”比赛，赛场上，数千只各色鸟儿竞相学习，最后，一只叫普鲁德尔非洲灰鹦鹉夺得冠军。它一口气说了1000个英语单词，也能说些简单句子，被誉为“最会说话的鸟儿”。动物学家认为鹦鹉和其他鸟类的学舌，仅仅是一种效仿行为，也叫效鸣。其实，鸣叫应是一种语言，这与它的声带与舌长有关，只是近似于人类歌唱才引起人们的兴趣，当然，它也可称为一种智慧。

鸟类迁徙飞行通常认为是本能。这种本能只是源于种群生存繁殖之需。已知生活在我国东北和俄国西伯利亚一带的鸿雁种群，每年中秋前后开始飞到南方长江流域或珠江流域越冬，而来年春天再返回北地。大雁在迁徙开始，总有一只或几只领头雁，从集队起飞、迁徙路线、目的地、夜夜休息等过程，绝对不是一种无组织的自由行动。所谓本能，若没有高度的智力随机应变去驾驶整个迁徙过程是难以完成的。

过去，春天的农村家燕是最为拟人化的。一对雌雄双燕展翅飞入农家屋檐下，总是先呢喃叫个不停，仿佛向主人借住，直到主人不赶它们走，以示同意，才开始衔泥筑巢。记得少时候，老人告知老燕识旧巢，明年还会来，竟有人在脚上做过记号作过论证。由此可见燕子的记忆力是很强的。要说鸟类的飞行记忆力，还得提及信鸽。在古时交通不发达时，国内外都使用过信鸽来送信的事实。今天，人们养信鸽竞赛，例如，前些年我国曾在北京—上海两地放飞信鸽，竟能在一个月内归巢，这是靠什么导航或是靠特殊记忆，令人费解！

2. 食肉动物的捕食本领

非洲热带稀树草原地带，生长着食肉性猫科动物如老虎、狮子与豹，同时也生长着许有蹄类食草动物，如角马、斑马、驯鹿和羚羊，它们有季节性迁徙生活习性，构成了大型食肉动物与食草动物之间生存竞争而又相互依存的生态系统食物链。

以美洲豹捕食羚羊为例，双方都显示出机敏。豹通常3～5只集体行动，比虎、狮单独命中率高得多。它们选好羚羊迁徙路线，慢慢地从草树丛中走近，埋伏下来，直到可以快速攻击目标时冲出，猎物无法脱逃。虽然羚羊善于快速奔跑，但也难敌围攻追捕堵截。角羚羊有角，但无防卫抵抗能力，不少无角的母羊和幼羊更是束手待猎，倒见野牛群会起来反抗之。无论是豹子或虎、狮捕食时都采用潜伏，突然的快跑与猛扑，但缺乏长跑耐久力，一次、二次不成功，难以再追跑。大型食肉动物捕杀大型食草动物以特有、瞬间咬住猎物的颈部而致命，表现出极大的智力与技巧。

猫与鼠是一对天敌，它们都有发达的中枢神经系统，家鼠具有极强的机敏性和适应性，是人类社会文明进步产物，有关资料表明老鼠基因与人类基因相近为95％，也很聪明，人为设计的迷宫通道，唯有老鼠能逃脱。在神创论看来，上帝创造猫就是为了吃老鼠，当然不可信。猫捉老鼠如果没有更聪

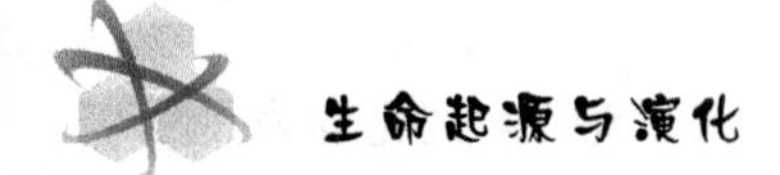

明机智的手段是无法捉到的。猫为猫科动物，与老虎同科，它善于无声奔跑，脚爪尖锐，有肉垫，嘴宽牙利，一对善于在夜间捕捉老鼠的眼睛与耳朵，只要在老鼠出没的地点静观，蓄势待发，一跃捕捉，使对方无法逃脱。猫捉老鼠，老鼠要逃脱被捉，双方确实在斗智的，已胜过了食肉兽和食草动物之间的生存竞争。当然，动画片米老鼠的聪明劲与猫较量是受到艺术渲染的，却深受儿童喜爱。

3. 灵长类动物的智力

高级灵长类动物猩猩、黑猩猩、大猩猩、长臂猿、猕猴和猴等，与人类亲缘最近，所以，它们的外表、行为、喜怒哀乐都很相似。虽然，它们的智力远不及人类，但总有灵长类进化的应有智力。今天，与人类近亲的黑猩猩，在非洲丛林中生存的种族社会结构，其实与早期原始人类的结构没有多大差别，它们只学会种族生存的主要本领，即表现在特有的觅食、侵犯与生殖本能上。这三者关系密切，已有别于其他哺乳动物。它们形成了家族式的种群生活组织，与雄性争斗称雄者的“领头”，又有雌性与幼仔形成稳定种群和雌性相依，占据必要的山林，以求生存。每天寻食是主要的，总不能饥饿；侵犯既有内部的，也有外部的，都是在冲突、和解中求得生存。生殖为繁衍后代，但是，灵长类的性行为，特别是猩猩已有的生理需求，表现在性喜悦和性生理高潮反应。这种性行为进化到人类而完善。

猴子与猩猩掠取食物完全依靠灵活攀悬的双手，捡到坚硬核果，咬不开，只是偶然见到旁边石块而敲击，而不会有意识去寻找备用。热带林区有大量的白蚂蚁活动，是猩猩的一种喜食的高蛋白的食物，它们将一根树枝折断，用嘴咬一端使其变尖，随后，将这支原始的“长矛”走向一个蚁巢的树洞寻找或者用木棒推开腐土中的蚁巢，找出蚁卵或蚁体吃。在非洲坦桑尼亚和塞内加尔的丛林中，科学家已观察到黑猩猩采用原始狩猎方式，捉取洞里的丛猴，或树上的疣猴，有时遇到食草动物也会集体围攻而吃肉。

关于猴子和猩猩的智力有多大，我们以下面几例可以说明之。

其一，猴、猿高悬取食。如果在饲养动物园里的猴子和猩猩会给香蕉，拾到后很快剥皮吃掉。当把一串香蕉挂在几米高的屋梁上，地面放着几个方箱子或一根木棒，然而，它们只会往上看，想吃，不知怎么办？有些会站立跳几下，如在林子中一样学跳跃，就是取不到，这说明它们不会使用工具取物。于是，人们教它们用棒去捅或用方箱填高去取。当它们学会之后，下一次就能按此方法去取得，并能传授给同伴。这又说明灵长类动物的猴子和猩猩虽缺乏使用工具的思维能力，但具有潜在的学习能力。

其二，猴子用智汲水。据知，非洲大草原旱季时，饮水成了这里动物的主要难题。只有几条大的河流有水，但河中鳄鱼密布，虎视眈眈。许多动物，如斑马、羚羊、角牛大群迁徙至此，还是要喝水的。正当种群先后低头饮水时，几只鳄鱼会突然从湖边一跃而起。张开大口咬住了猎物，其他受惊者立即慌忙跳跑。这些食草动物不会接受多少教训的，不喝也不行，还得过河。但猴子看到这种惨状，却在动脑筋。它们在离湖不远的岸边沙地上用手挖出洞穴，湖水会从地下渗出来，就得水源而避开鳄鱼。这可能是有智力的猴子在找水时偶然发现而加此挖掘利用的举措。

其三，猴、猿习语能力。据美国科学家发现，给人类婴儿和成年猴子讲日语和荷兰语，两者都不懂词的意义，但两者都能区分它们是日语还是荷兰语。这表明它们的神经在处理语言的输入方面确实有相同的机理，据此推论猴子的智力在某些方面相当于婴儿。因为语音处理并不是人类所特有的能力，而是所有灵长类动物的能力。而且收听节奏等语言特征的能力可能来源于同一灵长类的进化历史。关于黑猩猩学习语言能力，见第七章第三节。

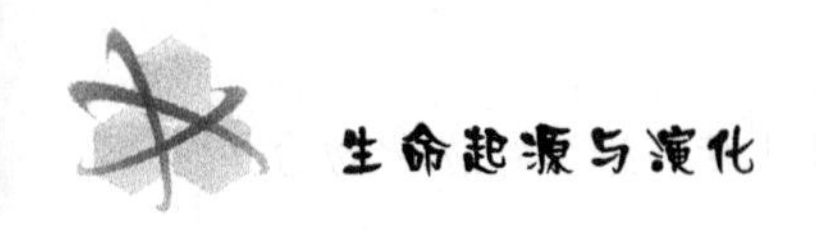

第四节　遗传物质在生物进化中的作用

生物遗传物质，即DNA含有全套基因，主要通过有性生殖的精、卵细胞结合得以传递与繁殖。生物的个体发育与形态组织器官的建成则是基因功能表达，而细胞全能性也意味着细胞潜意识的存在。因此，只有寻找生殖本能的源头，才能更好地认识生物进化的原动力。

一、无性繁殖的实质

生物进化从单细胞发展成多细胞直至复杂的组织器官分化，它们一切都由细胞组成。细胞含有基因，即可发展成为生命体的全能性。

1.植物组织培养

植物的茎切段扦插成株早在园林上应用，这种扦插的无性繁殖叫克隆(clone)，也就是组织细胞全能性的表现。20世纪中期，植物组织培养技术的发展，用胡萝卜根的几个薄壁细胞成功地培养出小植株来。应该说，一个具有全能性细胞已被分化，其DNA大部分处于被阻遏的状态而不能发挥作用，如果通过组培重新激活就能获得再分化。所谓细胞的全能性(totipotency)，即生物体的每个细胞都会有产生一个完整有机体的全部基因，在适当的条件下一个细胞就会形成一个完整的小生命。现在，我国应用组培技术，对农作物、果树、花卉良种的组织切块或花药进行广泛的试管苗生产，结合无土栽培，达到工厂化的应用。

2.克隆羊培育

20世纪后期，随着基因工程的发展，转基因动植物和转基因产品不断出现。1997年2月，英国科学家维穆特，报道了一只体细胞克隆“多利羊”出生，一时惊动世人，这是怎么一回事？我们知道，哺乳动物体细胞组织分化,已缺乏全能性。他采取了特殊的一套实验技术方法:先取下成年羊处于静息期的乳腺细胞,使它的复制与受体卵细胞同步,再以0.5%的血清浓度培养5天,取其核作为供体细胞核,另将母绵羊去核卵细胞作为受体细胞。通过电击脉冲使供体核和卵质融合成重组细胞,将这种新细胞先植入母羊的输卵管中6日,使其发育成胚胎,然后再植入代理母羊的子宫内,其中有一只怀孕成功,产下"多莉"子代。图8-4所示为体细胞克隆羊示意图。

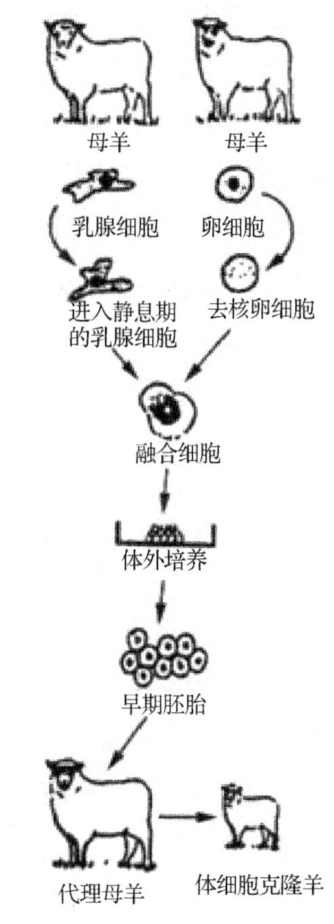

图8-4　体细胞克隆羊示意

体细胞克隆羊之产生,有如孙悟空拔根毫毛变成小孙悟空之复制。于是有新闻媒体调侃:"复制一个你,让你领回家。"这也引起了克隆人的热烈讨论,大多对克隆人研究持反对态度,政府部门也发布禁令。但是,科学实验又无法绝对禁止全面克隆人体器官作为医疗之需的研究正在开展起来。这些年,我国在转基因动植物方面的研究已取得很大进展而体细胞克隆牛羊也取得成功。这些研究有力地论证了DNA作为物种遗传信息物质携带者的作用所在。

二、有性生殖的本质

1. 性的起源与性别分化

性的起源是个谜。有机体通过细胞分裂(即有丝分裂)进行繁殖,但它们为什么又会将染色体的数目分成两半,和另一个有机体交换基因并且融

合呢？这就是性的起源。本来生物无性繁殖是繁殖的捷径，在稳定的环境里，生物体采用这一方式进行繁殖。然而，生物为什么进行有性生活方式呢？根据遗传学观点，有性过程是为创造基因多样性，对生物进化至关重要。因为有性生殖得益于变异，能够比无性生殖物种更有效率地进化。生物进化过程中，低等生物既选择了有性与无性并存进行，到了高等动物，有性生殖进化愈见优势与成熟。虽然以下我们能够解释性进化过程与表现，但不能回答，性进化的原动力是什么？只能说有性生殖是生物进化不可缺少的动力；生物体中所以存在性是因为它们受益于性。

有丝分裂的要旨是将分裂间期复制的DNA以染色体的形成平均分配到2个子细胞中去，使每个子细胞都得到一组与母细胞相同的遗传物质，即基因。一般认为，细菌没有性别分化的，它通过一分为二的裂殖方式繁殖，即有丝分裂来实现。现已查明，细菌基因交流是通过细菌的“接合”而实现，如大肠杆菌还有性因子菌株，简称F因子们只有F^+和F^-细菌相遇才能互相接合。由此推想，单细胞在生命起源时的团聚体只是一种芽孢裂殖，而大肠杆菌有性株则是后来进化发展的。如果生殖没有有性基因交流，恐怕生命难以进化，这是什么因素在驱动着这进化之路呢？至今还是一个谜。

单细胞的纤毛虫类的草履虫也是通过接合方式的基因交流完成有性繁殖。当它接合完成后，两细胞各带一合子核分开，然后，细胞分裂而成为新一代的纤毛虫。类似纤毛虫的初步性分化在一些藻类和真菌中也存在，这可视为性别分化的先兆。

有性生殖发展到配子生殖阶段，性别分化才算完善，这又是什么因素在推动着生物性进化之发展呢？配子是单倍体的有性生殖细胞，从藻类的同配、异配接合到动植物的卵配发生。卵配是异配的进一步发展，卵子大，含丰富的营养物，但不能运动，而精子小，可游向卵子，精卵接合，谓受精而成含子，产生后代。生殖一开始，似乎就确定了雄性追逐雌性。

2. 从卵生到胎生的进化

鱼类为卵生，体外受精。母鱼在水中产卵，雄鱼在卵上撒精。大多数鱼没有护卵孵苗，因此，鱼苗成活率低，但以卵多取胜。鱼类的生殖器官具有两性类型，无明显生殖器官之分，但是，发育的鱼体在不同条件下，因性激素的分泌不同而显示出不同雌雄性症状。

爬行动物是卵生，它们是从水域走向陆地生活方式的动物，其卵是羊膜，产卵量大为减少，因为羊膜卵具有外壳，胚胎又在羊膜腔中发育，保护性较强而产后进行母体孵化，成活率高，这为推动脊椎动物征服陆地不可缺少的繁殖生存演化基础。

鸟类的卵蛋也属羊膜卵，它们是筑巢生蛋，由亲鸟孵化抚养。鸟每窝产蛋数在 3～5 枚，要比两栖类、爬行类都少。如果生蛋多了，亲鸟抱蛋体温不够，而孵化后的雏鸟喂食不及，这是一种进化的自动控制繁殖率。家鸡，家鸭产蛋多，那是人工选育的结果。动物从卵生到胎生，中间还有个卵胎生过渡型，如单孔类鸭嘴兽为卵生孵化后再哺育即是。

哺乳动物为胎生，哺乳，其顾名思意。哺乳动物视为高级动物，是新生代产物，距今已有 5000 万年，如常见的虎、狮、狗、猫、牛、马、羊、猪、猩猩、猴子等。此类动物在受精卵胚胎发育过程中用胎盘把胎儿发育完全。待胎儿产生后，还有母乳哺育和照料，所以，幼仔成活率高。与此同时，哺乳动物的产仔数明显降低了，如大象、鲸每 2～3 年产一次，每次一仔。牛、马每 1～2 年产一次，每次一头，只有猪每次可产多头。灵长类猴子和黑猩猩为 2 年产一仔。可以说，胎生哺乳动物幼仔是一种优越的繁殖方式。

三、生殖本能在进化中的作用

1. 性本能之表现

生物摄食是为了维护个体生命，生物生殖是为了维护物种繁衍。所以，摄食和生殖都是生物的一种本能反应，无论是高等的或是低等的都一样。

种子植物所以能广布全球各地，首先在于它们的有性生殖得到有效进化。无论是两性花或单性花，不管是大树或是小草，雄花粉小孢子到处飞散，通过风或昆虫传播给雌蕊子房柱头，先通过柱头蛋白识别而萌发与卵细胞受精后结合，获得大量成熟种子进行有性繁殖。

在此，不妨插入一段动物觅食本能也是一种进化动力的表现观点。它是缓慢的，定向的，直至完善它的捕获功能。例如，昆虫吃食叶片，将口器角质化，犹有如剪子，锯子状；啄木鸟，嘴变得细长坚硬，善于啄朽木洞中的幼虫；土壤中的蚯蚓吞食土中腐植质，海洋节肢动物的幼龄期经过浮游生活阶段以食取细小的浮游生物而长大后进入底栖生活善于食取各类小生物和腐烂食物。再如鳄鱼口腔大而牙齿尖锐，为食肉动物，栖息湖边等待饮水的食草动物；鹰善于高飞俯冲下方摄食因有灵敏的嗅觉，远视力眼睛，锐利嘴、爪；更有长颈鹿因长期适非洲干旱稀树草原吃高处树叶而增长颈和腿的特点。所有各类动物的生活习性与躯体技能的进化无不和觅食生存有关。就植物而言，它们的生长特性也都表现出与土壤营养相适应，而地上部分茎叶展开互不重叠都是为了争夺空间的光能营养。

动物的有性生殖要比植物更有直观的感觉。譬如，各类昆虫在性成熟时交配，特别是有翅的蛾、蝶类，雌虫散发出性诱剂的化学信号，随风飘去，引雄性去交配。这是昆虫类特有的性进化化学密约。各类生物都有自己性交配发生信号与选择方式。昆虫受精卵大多产于植物叶片上不受亲本保护而孵化。据知，萤火虫求遇，靠准确的闪光密码来进行。每一种萤火虫都有各自的一套闪光密码，有长有短，或简单或复杂。

春季是鸟儿鸣禽交配筑巢产子的季节，鸟类的交配在发情期，一般通过鸣叫，对歌，亲近，雄性向雌性示好，甚至亲嘴，如常见的鸽子、鹧鸪。大多鸟儿懂得配对成双，组成临时“家庭”，筑巢产卵，孵化，喂养期成为双亲共同任务，如鹧鸪、灰雀、黄莺、白头翁、喜鹊、老鹰均是这样。为大家熟悉的家燕，在春季迁徙途中就结成了对，亲热展翅双飞。过去进农家木屋筑巢，产仔

4～5枚，孵化，喂养直到羽成试飞都由雌雄双燕共同负责来完成的。

在哺乳动物群里，四脚兽的食肉动物，如狮、虎、豹、狼，性本能出现了一种竞争交配权。这些猛兽为了生存组成了许多松散的活动种群，每群由一只成年雄的、多只雌的和幼仔组成。它们有了领地观念，这样有利于种群活动、捕食、自我保护与繁殖。但雌性在保护喂养幼子的责任非常重大，一般雄狮、雄虎是不管的。它们只会争夺领地与交配权，但也不断受到新成年雄性后起之秀的挑战，如果老狮子挑战失败就成孤独的流浪者。幼仔三年成长后，母狮会赶走雄性儿子，让它独立闯荡，争夺交配权，产下后代，建立自己的小种群与领地，由此避免近亲交配和遭父辈雄狮的伤害。在食草动物中，如野牛、驯鹿、羚羊、斑马等，它们在大种群迁徙过程中生存、繁衍，同样也存在性本能的竞争交配，只不过没有食肉动物那样强烈。

在高等灵长类动物中，如猴子、猩猩、狒狒等种群，它们已开始过着有一定组织形式的群居生活。通常每群少则7～8只，多则50～60只，以猕猴群为大。它们经常通过打斗，强者、胜者成为种群的首领，管理种群内部的等级、秩序。首领、强者拥有吃食和交配的优先权，但对外来犯者首领也要挺身而出。所有成年的雄性都保护幼小和雌性参与战斗，以显示实力。根据非洲森林里的野外观察，如恒河猴具有较强的雌性母亲统治管理制，而狒狒和倭黑猩猩也是这样，只是猩猩与黑猩猩以雄性为主体的种群制。灵长类动物种群内常有不明真相的斗争，无论是为争夺食物，或为性占有，或为好强，动物学家称之为侵犯性行为。但它们又懂得在彼此“侵犯”争斗之后，很快寻求和解的举动，这不能不视为有智慧的种群灵长类动物生存与发展的进化表现。其中，雌性在斗争和和解中常起着纽带作用，也不排斥性交易作为一种和解手段。关于原始人类性行为有别于动物强者占有，虽然强者能吸引女性，但决定性的纽带是感情。据新近美国学者的研究认为：“在遥远的石器时代，在争夺配偶的竞争中获胜并且成功将自身基因遗传传给后代的并不是这些‘肌肉男’，而是那些身体矮小，沉着稳重，忠于配偶并且勇于奉献的男性,女性更愿意和后者结合,养育子女,组建家庭。"这项研究报告被视为对生物学上弱肉强食的生存法则提出挑战。这种女性选择不但创造一夫一妻制,并使男性之间为竞争配偶不再那么激烈,能专心致志地抚养自己的后代,家庭也成为人类社会的核心。科学家认为这场生物史上的"性别革命",对人类社会文明进步起着非常重要的作用。

2.达尔文的性选择观

达尔文在他的著名《物种起源》中以专门一节谈到性选择问题,他认为"性选择"并非为了生存斗争,而是同性之间的斗争,即雄性为占有雌性而产生的。"在斗争中,失败的竞争者并不会就此死亡,但是它的后代可能会很少,甚至没有后代"。达尔文的这段叙述实在精彩,说到本质。如果失败者的雄性动物没有留下后代,那么该物种的基因库中没有保存它的个体基因,才是优胜劣汰的实质。

达尔文还提及:"在很多情况下,胜利者并不是依靠强壮的身体,而是更多地留下依靠雄性所特独有的武器。一头无角的雄鹿或者一只无距的公鸡几乎没有留下后代的机会。"由于性选择总是允许胜者繁殖,因此,它确实可以增强不屈不挠的勇气,距的长度,翅膀拍击,距脚的力量。关于雄鸡距和雄鹿角是否是雄性竞争的产物还不好说,因为食草动物角的有无主要决定物种的特性,如牛、羊均有角,而马则无角(角马例外)。其实,野生原鸡分散在山林,通过咯,咯叫声相聚交配,不存在搏斗,公鸡搏斗实为人工选择的产物。达尔文的这种性选择似乎是残酷的,这只是一个方面,而性选择还有和谐共存的一面。所以,达尔文又写道:"在鸟类中,这种斗争所具有的性质要和平得多。雄鸟之间最残酷的竞争方式只不过用歌唱来吸引雌鸟。"此外,雄鸟的羽毛大多比雌鸟华丽,如雉鸡、琴鸟、孔雀等。如今,孔雀在动物园里都有饲养,孔雀开屏为大家熟知的故事。在孔雀春季繁殖期,雄孔雀为了吸引雌孔雀注意,将尾羽高高竖起,宽宽地展开,有如大团扇,绚丽夺目,当雌孔雀走近后相亲近交配。琴鸟是澳大利亚热带森林里的一种珍稀鸟类,它不仅羽毛美丽，而且鸣声优美。在冬季繁殖期，雄鸟边歌边舞向雌鸟求爱，总是不停，直到雌鸟飞来，与之交配。由此看来，雄性鸟类有动人的歌喉和美丽的羽毛都是性选择的产物。这种鸟类的性选择应该是一种自主进化的产物。

3. 生殖是生物进化的原动力

达尔文进化论对动物的性选择在进化中的作用给予充分肯定，但缺乏深入阐述。时至20世纪后半期，人类开始重视灵长类动物猿猴野生生活行为的观察，德瓦尔（F. Dewaal）在他的《灵长类动物如何谋求和平》（Peace making among primates. 1989）著作中，进行了人性化的叙述。他认为在类人猿进化过程中，男女从群居到暂时配对出现，女的在家照顾子女，男的不得不把食物带回家，用双腿走路就成为重要的优势，这样可以把手解放出来拿着食物。作为对男人的这些服务的回报，女人与他们做爱。人们在非洲扎伊尔森林境内观察到一群倭黑猩猩群体中，通常是雄性倭黑猩猩首先得到大多猎物，然后它们与雌性倭黑猩猩一起分享。在四处寻找食物过程中，性似乎起着非常重要的凝聚作用。雌猩猩具有选择交配权，这也是一种性意识进化表现。它们的交配不仅是蹲抱式的，也有正面式的（图8-5）。交配时生殖器胀大至粉红色且有性高潮反应。这已揭示灵长类动性进化是独特的，带有预约奖赏而进化到人类更加完善。

图8-5　倭猩猩正面交配

刘平认为："性本能是以奖赏机制为保障。"这就是说性欲给两性相互带来愉悦和繁殖后代的使命幸福感。这是人的观念或是动物共有的生殖机制？但它与达尔文性选择占有观相一致。郝瑞等认为"一切生物都有逻辑思维能力”,所以,各类生物两性结合器官都是精心设计的,特别是人类两性的正面交配和性高潮生理反应,可视为人类文明有意识的性进化产物。

综观生物从低等向高等进化主要通过有性生殖获得,而高一级的比低一级的生殖器官也得到进化。所以,唯有生殖本能通过杂交或基因突变的逐步演化所贮存的智力信息最能通过生殖细胞的传递而形成为进化的原动力。只便在植物界的有性繁殖过程中,以异花授粉繁殖后代,以避免近亲繁殖的退化,并以生长发育适应环境与有效的繁殖机能来检验。

参考文献

1. 奥巴林 AM. 地球上的生命起源. 徐叔云等译. 北京:科学出版社,1960

2. Miller SL. A Production of amino acid under possible primitive Earth conditions. Science, 1953,117:528—529

3. Fox SW. The Origin of Prebiological Systems. New York:Academic press,1965

4. 米勒 SL,奥格尔 LE. 地球上生命起源. 彭奕欣译. 北京:科学出版社,1981

5. 克里克 FCH. 生命:起源与本质. 王淦昌等译. 北京:科学普及出版社,1993

6. 迈克尔·怀特. 地外文明探秘. 王群等译. 上海:上海科学技术出版社,1999

7. 希瑟库珀. 外星人——存在地外智能生物? 吴小龙等译. 杭州:浙江大学出版社,2002

8. 张德永等. 生命起源探索. 上海:上海科学技术出版社,1979

9. 王文清. 生命科学. 北京:北京工业大学出版社,1998

10. 罗辽复. 生命进化的物理现象. 上海:上海科学技术出版社,2001

11. 谈志坚. 宇宙的信息. 北京:昆仑出版社,1999

12. 张昀. 前寒武纪生命演化与化石记录. 北京:北京大学出版社,1989

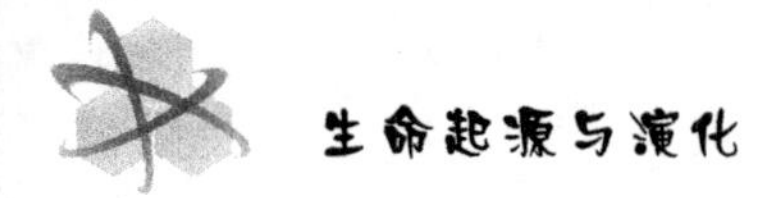

13. 克里斯蒂安·德迪夫. 生机勃勃的尘埃——地球生命的起源与进化. 王玉山等译. 上海：上海科技教育出版社. 1999

14. 李振良. 宇宙文明探秘. 上海：上海科学普及出版社，2005

15. 郝守刚等. 生命的起源与演化. 高等教育出版社，2003

16. Jonston W, et al. RNA-catalyzed RNA polymerization: Accurate and general RNA-template permer extention. Science, 2001, 292, 1319－1325

17. Colgate SA, et al. An astrophysical basis for a universal origin of life. Advances in complex systems, 2003, 6(4): 487－505

18. Sorrell WH. Interstellar grains as amino acid factories and the origin of life. Comments on Astrophysic, Comments on Modern Physics, 1999, 1(1): 9－23

19. Chyb C. The cosmic origins of life on earth. Astronomy, 1992, 20(11): 28－36

20. Borgeson W, et al. Discussing the origin of life. Science, 2002, 298(5594): 747－750

21. Chaml H. Clay minerals and origin of life. Sedimentology, 1987, 34(6): 1187－1187

22. Nelson KE, Miller SL. Peptide nucleic acids rather than RNA may have been the first genetic molecule. PNAS, 2000, 97(8): 3868－3871.

23. Dobson C, et al. Origin of life on earth may have begun with tiny atmosphere droplets. Bulletin of the American Meteorological Socity, 2001, 82(1): 129－131

24. Lazcano A. The origin of life. Natural History, 2006, 115(1): 36－41

25. 达尔文 CR. 物种起源. 钱逊译. 重庆：重庆出版社，2009

26. 达尔文 CR. 人类的由来. 潘光旦等译. 北京：商务印书馆，1997

27. 方崇熙. 拉马克学说. 北京：科学出版社，1955

28. 张昀. 生物进化. 北京：北京大学出版社，1998

29. 桂起权等. 生命科学的哲学. 成都:四川教育出版社,2003

30. 陈阅增等. 普通生物学. 北京:高等教育出版社,1997

31. 李传夔、王原. 史前生物历程. 北京:高等教育出版社,2002

32. 陈守良等. 人类生物学. 北京:北京大学出版社,2002

33. 迈克尔·博尔达. 灭绝——进化与人类终结. 张文杰等译,北京:中信出版社,2003

34. 周忠和等. 孔子鸟和鸟类的早期演化. 古脊椎动物学报,1999,36(2):136—146

35. 侯连海. 中国的始祖鸟. 生物学通报,1995,30(5):11—13

36. 汪筱林、周忠和等. 热河生物群发现带“毛”的翼龙化石. 科学通报,2002,47(1):54—57

37. 周忠和、张福成. 中国中生代鸟类概述(英文). 古脊椎动物学报,2006,44(1):74—98

38. Xing Su, et al. Branched integument structures in *Sinornithosanrus* and the origin of feathers. Nature, 2001, 410:200—204

39. 吴新智. 浅谈人类的起源与进化. 大自然,2004,1:2—4

40. 吴新智. 古人类学研究进展. 世界科技研究与进展,2000,22(5):1—6

41. 布朗 TA. 基因组、袁建刚等译. 北京科学出版社,2002,P441—465

42. Woese CR. Bacterial evolution. Microbil Rev, 1987, 51:221—271

43. Kimura M. The neutral theorg of molecular evolution and the world view of the neutralists. Genome, 1989, 31:24—31

44. Higuchi R, et al. DNA Sequence from the quagga, an extinct member of the horse family, Nature, 1984, 312:282—284

45. Cano RJ, et al. Amplification and sequencing of DNA from a 120—135 million-year old weevil. Nature, 1993, 363:536—538

46. 陈均远等. 澄江生物群——寒武纪大爆发的见证. 台北:台湾自然博物馆出版,1996

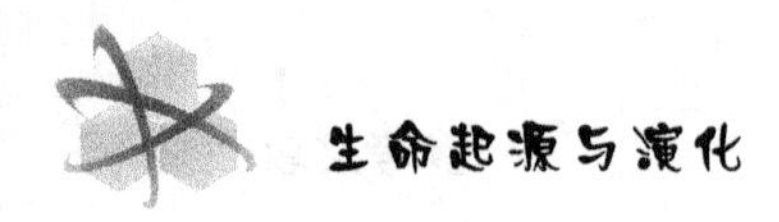

47. 侯先光等. 澄江动物群——5.3亿年的海洋生物. 昆明:云南科技出版社,1999

48. Chen Junyuan, et al. Distant ancestor of mankind unearthed: 520 million-year-old fish-like fossil reveal early history of vertebrates. Science progress. 2000,83(2):123-133

49. Chen Junyuan, et al. Precambrian animal life: Probable developmental and adult cnidarian forms Southwest China. Developmental Biology,2002,248(1):182-196

50. 俞国琴等. 古DNA及其在生物系统与进化研究中的应用. 植物学通报,2005,22(3):267-275

51. 戎嘉余等. 生命的起源,辐射与多样性演变——华夏化石记录的启示. 北京:科学出版社,2006

52. 戎嘉余,方崇杰. 生物大灭绝与复苏——来自华南古生代和三叠纪的证据(上、下卷). 合肥:中国科学技术大学出版社,2004

53. 夏建新等. 全球环境变迁. 北京:中央民族大学出版社,2006

54. 斯宾塞·韦尔斯. 走出非洲记:人类祖先的迁徙史诗. 杜红泽. 北京:东方出版社,2004

55. 刘平. 生物主动进化论. 济南:山东大学出版社,2009

56. 郝瑞,陈慧都. 生物的思维. 北京:中国农业科技出版社,1999

57. 叶庆华等. 植物生物学. 厦门:厦门大学出版社,2002

58. 沈显生. 生命科学概论. 北京:科学出版社,2007

59. 费兰斯·德瓦尔. 猴猩猩的故事. 李志磊等译. 海口:海南出版社,2003

60. 梁工,卢龙光. 圣经解读. 北京:宗教文化出版社,2003

61. 庚镇城. 达尔文新考. 上海:上海科学技术出版社,2009

62. 理查德·福提. 生命简史. 胡洲译. 北京:中央编译出版社,2009

63. 管康林. 生物农林科学通论. 杭州:浙江大学出版社,2005